音大生・音楽家のための
脳科学入門講義

工学博士　田中　昌司　【著】

コ ロ ナ 社

ま え が き

私はこれまで多くの音大生や音楽家の方に実験に参加していただいて，そうした方々の脳の特徴や演奏に関わる脳活動などを調べてきました。どなたも研究にたいへん興味を示して快く協力してくださり，楽しく実験をさせていただきました。そして，いつも終了後の雑談に花が咲きました。そんな中で，多くの音大生や音楽家の方が脳のことをもっと知りたいと思われていることを知りました。本当にたくさんの質問をいただきました。脳科学の入門書を薦めたこともありましたが，専門用語や説明の仕方による壁があることも感じていたので，音大生や音楽家の皆さんにわかりやすい入門書を書こうという思いに至りました。

本書は講義形式にしました。書名に「講義」とつくと，中には堅苦しいイメージを抱かれる方もいらっしゃるかもしれませんが，そうしたことはありません。出席もとりませんし，試験もありませんので，気楽にお読みいただければと思います。講義は，質問や感想としてその場でフィードバックされるほうがやりやすいものです。そのため，この講義では黙って話を聞くというスタイルではなくて，いつでも発言できるような対話的な雰囲気をつくりたいと思い，仮想的な質問と回答を入れました。実際に受けた質問も多く含まれています。本書の構成上，脳科学の基礎的な事項の説明から始めて，後に進むにつれて音楽との関係が深まります。待ちきれない方は後半を先に読んでいただいても構いません。また，本書は「音大生・音楽家のための」と書名につけているものの，一般の方々や音大以外に所属する大学生，さらには高校生にも楽しんで読んでいただける内容になるように心掛けました。

本書でこれから学ぶのは「脳科学」という学問です。その名のとおり脳に関する科学（サイエンス）ですが，脳は思考や感情を司っているので，ほかの多くの学問領域にまたがる学際的な学問であるという特徴を持っています。哲学や心理学，行動学などとも密接な関係があり，一つの学問分野の枠に収まらない独特の領域を形成しています。また，最近は実験技術や実験データの解析技術が飛躍的に進歩して，研究のフロンティアが急速に拡大しています。特に脳イメージング法の目覚ましい発展に支えられて，今日の脳科学はとてもエキサイティングなサイエンスになっています。それでも，知りたいことが依然未知のままであるものもたくさんあります。現在進行形のサイエンスとして，そのような部分も楽しんでいただけたら幸いです。

2021 年 2 月

田中　昌司

目　　次

第1講　脳の進化と構造

第2講　感覚・知覚

第3講　脳の記憶システムと学習

第4講　運動制御と演奏

第5講　感　情

第6講　共　感

第7講　情　景

第 8 講　音楽家の脳

第 1 講

脳の進化と構造

♪：私は脳科学にはとても興味がありますが，どこから勉強していくのがよいのでしょうか？

◇：まず脳がどのような構造になっているのかを知るのがよいと思います。

♪：意識や心も脳のはたらきだといいますが，どういうことでしょうか？

◇：私たちの脳は長い時間をかけた進化の賜物です。脳の重さは体重の約 2 %にすぎませんが，体全体の約 20 %のエネルギーを消費します。それだけ多くの仕事をしているということができます。構造も複雑ですが，無秩序に複雑化したわけではなくて，シンプルな設計原理に基づいてつくられている素晴らしい臓器です。そこから意識や心が生まれました。

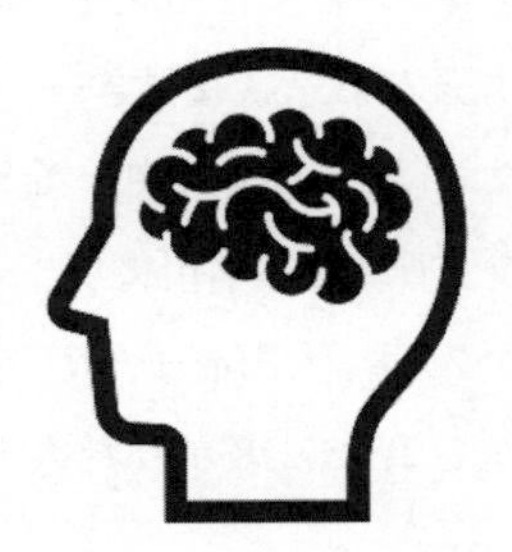

1.0　講義の前に

いきなり意識や心に向かうのは無謀です。脳科学は生物学的な知識の上に構築された壮大な学問体系なので，焦らず一つ一つを楽しみながら学んでいってください。初めに，さまざまな脳の本を読みたいという方のために，読みやすい本を紹介しておきます。

（1）ラリー・スクワイア，エリック・カンデル 著，小西史朗，桐野豊 監修：記憶のしくみ（上・下），ブルーバックス，講談社

（2）フロイド・ブルーム ほか著，中村克樹，久保田競 監訳：新・脳の探検（上・下），ブルーバックス，講談社

（3）理化学研究所脳科学総合研究センター 編：脳科学の教科書（神経編・こころ編），岩波ジュニア新書，岩波書店

（4）理化学研究所脳科学総合研究センター 編：脳研究の最前線（上・下），ブルーバックス，講談社

海外には面白い書名（と内容）の本を書く方が多いので，日本で手に入る訳本をいくつか紹介します。

（1）デイヴィッド・イーグルマン 著，大田直子 訳：あなたの脳のはなし―神経科学者が解き明かす意識の謎―，ハヤカワ文庫 NF，早川書房

（2）マイケル・ガザニガ 著，小野木明恵 訳：右脳と左脳を見つけた男，青土社

（3）ハロルド・クローアンズ 著，吉田利子 訳：失語の国のオペラ指揮者―神経科医が明かす脳の不思議な働き―，早川書房

（4）オリヴァー・サックス 著，高見幸郎，金沢泰子 訳：妻を帽子とまちがえた男，ハヤカワ文庫 NF，早川書房

（5）オリヴァー・サックス 著，大田直子 訳：音楽嗜好症（ミュージコフィリア）―脳神経科医と音楽に憑かれた人々―，ハヤカワ文庫 NF，早川書房

（6） アントニオ・ダマシオ 著，田中三彦 訳：デカルトの誤り―情動，理性，人間の脳―．ちくま学芸文庫，筑摩書房

（7） V・S・ラマチャンドラン，サンドラ・ブレイクスリー 著，山下篤子 訳：脳のなかの幽霊，角川文庫，角川書店

（8） V・S・ラマチャンドラン 著，山下篤子 訳：脳のなかの幽霊，ふたたび，角川文庫，角川書店

（9） アンジェリーク・ファン・オムベルヘン 著，ルイーゼ・ペルディユース 絵，藤井直敬 監修，塩崎香織 訳：世界一ゆかいな脳科学講義，河出書房新社

もちろんほかにも面白い本はたくさんあります。講義の中でも紹介していきますが，すべて巻末の引用・参考文献リスト†にまとめてあります。その中で，ノーデンゲンさんの『「人間とは何か」はすべて脳が教えてくれる』を読むと，イントロダクションにつぎのようなことが書いてあります。「古代エジプトでは王が亡くなると，来世での復活のために，亡骸に香油が塗られ防腐処理がほどこされました。その時，心臓はていねいに扱われ遺体に戻されたのですが，脳は捨てられました。鼻から棒を突っこんで脳を粥状になるまでかき回し，体外に取り出したのです。つまり，脳はゴミ扱いでした。人を人たらしめているのは脳なのだとわかるまで，長い長い時間が必要でした。」

それでは，数千年後の私たちが理解している脳についての講義を始めます。

1.1 脳の進化

1.1.1 脳の誕生

地球上に生物が誕生したのは約 40 億年前と考えられています。**ニューロン**（neuron）と呼ばれる神経細胞（**図 1.1**）がつながり外部の情報の処理を行う

† 巻末の文献は，著者（あるいは編者・監修者など）の姓・ラストネームの五十音順，アルファベット順で掲載している。

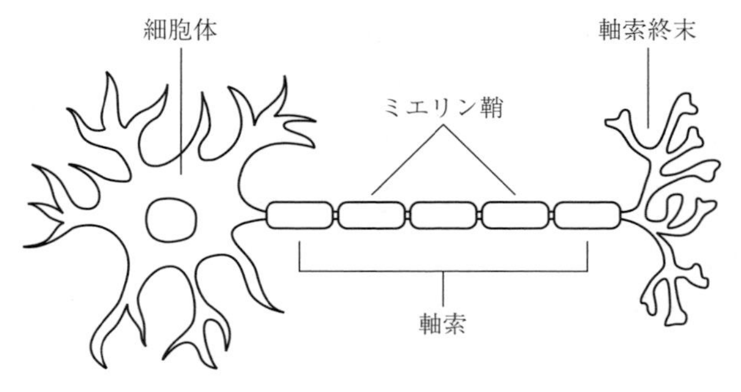

図 1.1　ニューロン

器官を**神経系**（nervous system）と呼びますが，生物は長い間神経系を持っていませんでした。神経系の登場は 5 億年から 6 億年ほど前だと推測されています（ダマシオ：進化の意外な順序）[†]。哺乳類が出現したのが約 2 億年前，そして最初の人類が 400 万年ほど前にアフリカで生まれました。たいへん長い道のりです。生物の進化とともに神経系も進化しました。私たちの体には神経系が張り巡らされていますが，頭部には特に数多くのニューロンが集まっている**脳**（brain）があります。

脳は筋肉や臓器に働きかけると同時に，全身のセンサーからの信号を受けてモニタリングを行っている巨大なシステムあるいはネットワークです。すべての膨大な情報を集中的に処理している私たちの脳は，超ビッグデータを処理することができる驚異的なデータセンターであるといえます。いまでこそ流行語になっているビッグデータやデータセンターですが，私たちは現在の最新技術で構築されつつあるものなど足元にも及ばない優れたシステム（脳）を持っているのです。脳を「情報処理システム」として捉えて，認知機能や心のはたらきのメカニズムを探究する学問を，特に**認知脳科学**（cognitive brain science）と呼ぶことがあります（嶋田：認知脳科学）。

† 引用文献について，日本語の文献は「著者名，書名」，英語の文献は「著者名，発行年」で示す。

1.1.2　連合野

人間の脳は表面がほとんど**大脳皮質**（cerebral cortex）でおおわれています。そして，大脳皮質にはニューロンがびっしり埋め込まれています（概算で100億個以上)。そこに体中のセンサーからの膨大な量の信号が集まる仕組みになっています。この情報の集中化はさらに大脳皮質の面積を拡大することになり，それにつれて階層化が進みました。すなわち大脳皮質のある機能を担うエリアとほかの機能を担うエリアとの間に上下関係ができたのです。それが最も明確に認められるのが視覚関連領野で，具体的な視覚情報処理を行うエリアに対して，統合的な視覚情報処理を行うエリアはより上の階層に属します。さらに上の階層は視覚情報処理の枠を超えて，ほかの情報との統合を行うようになります。この階層にある領域は**連合野**（association area）と呼ばれます。上位の階層ほど多くの情報が集まることになり，「脳をコントロールする脳」という構図ができあがりました。会社の組織のようですね。規模が大きくなるにつれてこのような組織化が有効に機能したのだと考えられます。

1.1.3　知性の誕生

ニューロンの活動からはじまって，コミュニケーションし合うニューロン集団あるいはネットワークの規模が拡大し，脳のシステム化が進み，脳が処理できる情報の量や種類が増えていきました。それにともなって知性と呼ばれる能力（考えたり，判断したり，想像する力）が洗練されていきました。脳の中では無数のニューロンが電気パルスを出して交信し合っているのですが（塚田：芸術脳の科学)，そのことから絵を観て感動したり，音楽を聴いて涙するような心のはたらきを直接説明することはおそらくできません。

脳の進化は量的拡大だけではなくて，構造的にも機能的にも質的な変化をともなうものでした。しかし，その過程でどのようにして意識が生まれたかとか，心はどこにあるのかといったような問題は，多くの研究者が研究しているにもかかわらず，明快な答えはまだ得られていません。本も多数出版されていますが，数ある中から3冊の啓蒙書を紹介します。ウィリアム・カルヴィンという理論神経生理学者が書いた『知性はいつ生まれたか』と，ゲオルグ・ノルトフの『脳はいかに意識をつくるのか』，そしてジェラルド・エーデルマンという神経科学者（1972年ノーベル医学・生理学賞受賞）が書いた『脳は空より広いか』という本です。エーデルマンの著書にはアメリカの有名な詩人エミリー・ディキンスンのこんな素敵な詩が引用されています。

脳はちょうど神様と同じ重さ
ほら，二つを正確に測ってごらん
ちがうとすれば　それは
言葉と音のちがいほど
（エミリー・ディキンスン）

1.2　脳の構造

1.2.1　大脳皮質

私たちの脳の原型は哺乳類になって現れました。哺乳類の脳は大きさは違っても，全体の構造は共通しています。その最大の特徴がすでにお話しした大脳皮質です（**図1.2**）。大脳皮質は葉（よう）と呼ばれる四つの大きな領域に分けられます。**前頭葉**（frontal lobe），**頭頂葉**（parietal lobe），**側頭葉**（temporal lobe），**後頭葉**（occipital lobe）です。葉というのは英語のlobeの訳で，大きな部分を指し

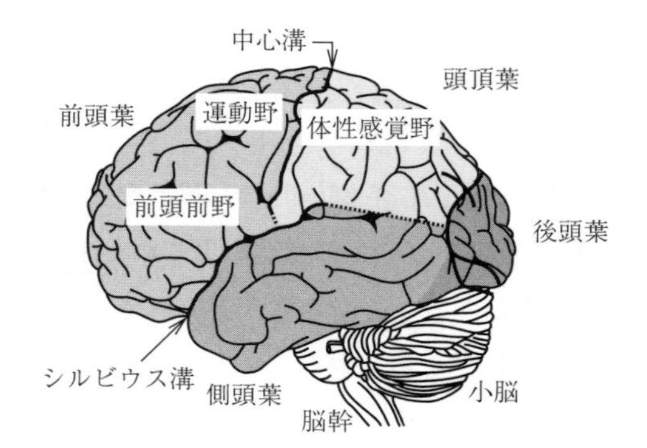

図1.2　大脳皮質，小脳，脳幹

ます。次項でそれより小さな葉，すなわち小葉（lobule）が出てきます。葉の一部を示すときに使います。前頭葉と頭頂葉は**中心溝**（central fissure）で分かれていて，前頭葉と側頭葉の間には**シルビウス溝**（Sylvian fissure）と呼ばれる深い溝があります。

1.2.2 前頭葉

前頭葉には，前部に**前頭前野**（prefrontal area）があり，その後ろに**運動野**（motor area）があります。運動野の後ろには，中心溝をはさんで**体性感覚野**（somatosensory area）があります。体性感覚野の後ろには**上頭頂小葉**（superior parietal lobule）と**下頭頂小葉**（inferior parietal lobule）があります。このように，葉の中には小葉のほかに野というのもあります。

1.2.3 前頭前野

前頭前野は**前頭前皮質**（prefrontal cortex）とも呼ばれます。前頭前野は脳という組織の司令塔だといわれることがあります。前頭前野は脳全体を支配する社長さんだとする本も出ています（坂井：前頭葉は脳の社長さん？）。ゴールドバーグさんの『脳を支配する前頭葉』という本では，大脳皮質をオーケストラに，そして前頭前野を指揮者に例えて説明している箇所があるので，音楽家のみなさんにはわかりやすいと思います。指揮者のように前頭前野は状況を判断し，脳のほかの部位にいろいろな指令を出していると考えられています。必要な行動を起こさせたり，いまは行動を抑制せよという指令を出すこともよくあります。社会生活を送る上では，本能に支配されずにすべきこととすべきでないことをわきまえて行動する（場合によっては行動を抑制する）ことが重要なので，前頭前野は社会の中でよりよく生きていくために必要な機能を担っているといえます。

1.2.4 運動野

前頭葉の後部にある運動野はその名前が示すとおり，運動に関わる脳の領野です（**図 1.3**）。運動は筋肉の収縮によって起きますが，筋肉の収縮は**脊髄**（spinal cord）にある運動ニューロンが出す電気信号（パルス）によって起きます。そして運動ニューロンの活動をコントロールしているのは大脳皮質にある**一次運動野**（primary motor cortex）のニューロン群です。そのため，一次運動野からは脊髄を下る長い軸索が伸びています。これを**皮質脊髄路**（cortico-spinal tract）といいます。したがって，体の動きを制御するには一次運動野が働くことが必要です。しかしそれだけではありません。いま説明したのは，一次運動野から筋肉への信号の流れですが，筋肉の収縮は筋肉にあるセンサーによって状態が脳にフィードバックされます。目を閉じて体を動かした場合にそのことが実感できます。このフィードバック信号は大脳皮質の体性感覚野という部位に伝えられます。体性感覚野は一次運動野のすぐ後ろにあります。両者が情報のやりとりをして体の動きを制御します。一次運動野の前には**運動前野**（premotor area）と**補足運動野**（supplementary motor area）があり，高次運動野といいます。一次運動野は筋肉との関係が強いのに対して，高次運動野はより複雑な動きの制御や準備をする際に重要な役割を果たします（丹治：脳と運動）。

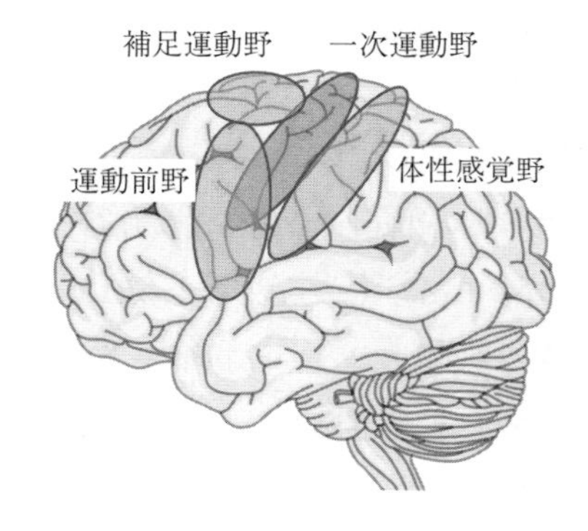

図 1.3　運動前野，補足運動野，一次運動野，体性感覚野

1.2.5　頭頂葉

中心溝の後ろにある頭頂葉は，前部の体性感覚野と後部の**頭頂連合野**（parietal association area）からなります。体性感覚とは体の感覚のことで，2.3 節で解説します。頭頂連合野は高次の体性感覚情報の処理のほかに，空間認知

（4.4 節参照）や運動視覚などの認知機能に関わります。

1.2.6 側頭葉

側頭葉は聴覚，視覚，言語，意味，記憶などに関わっています。**聴覚野**（auditory cortex）は側頭葉の上部の少し後ろ寄りにあります。視覚野と比べると，処理する情報量の違いを反映して，聴覚野の面積はかなり小さいです。側頭葉の下部には高次視覚野があり，顔や物体の形などの処理をしています。側頭葉の内側には記憶の形成に欠かせない**海馬**（hippocampus）などがあります。

1.2.7 後頭葉

後頭葉は大脳の最後部にあり，**視覚野**（visual area）があります。霊長類（人とサル）は視覚が発達しています。私たちの日常生活では視覚をベースとした情報処理がかなり大きなウエイトを占めています。それに応じて視覚関連領野は大脳皮質面積を占めています。そして視覚関連領野は感覚系の中で最も発達した並列・階層構造を持っています。階層構造は上層になるほど統合的な処理がなされます。最下層は**一次視覚野**（primary visual cortex），ついで**二次視覚野**（primary visual cortex），そして上層の複数の**高次視覚野**（higher-order visual cortex）へと処理が進みます。一次視覚野では線分の傾きなどの処理が行われますが，高次視覚野では低次の情報が統合されて，物体の形や位置の情報などが表現されます。

1.2.8 小　脳

運動制御という観点からすると，一次運動野から筋肉への皮質脊髄路を介しての制御だけでは高い精度の制御ができません。とくに正確で素早い動きを制御する場合には，**小脳**（cerebellum）を介する運動制御が必要になります。速い運動は感覚フィードバックを使うことができないので（時間的に間に合わないため），自分の体の動特性をあらかじめ学習しておく必要があります。これを体の**内部モデル**（internal model）と呼び，小脳につくられると考えられています。内部モデルがあると運動のシミュレーションができるようになります。するとさまざまなことを，実際の行動を起こさなくても脳内で試すことが可能になります。研究が進むにつれて，小脳は運動制御以外にもさまざまな認知機能に関わっていることがしだいにわかってきましたが，そちらにも内部モデルが持つシミュレーション機能が活用されていることが推測されます。小脳は運動の正確なタイミングのコントロールにも関わっているので，演奏に重要な役割を担っていると思います。

1.2.9 大脳基底核

複雑な一連の動きも繰り返し実行していると，徐々に自動的に行えるようになってきます。演奏がよい例です。そのような場合，**大脳基底核**（basal ganglia）が動きのパターンを自動化する役割をします。大脳基底核は脳の中心部にあって，表面からは見えません。脳の進化の過程で，大脳皮質が現れる前から存在した古い脳です。大脳皮質を持つ哺乳類では，大脳基底核は大脳皮質と信号のやりとりを盛んに行います。第3講「脳の記憶システムと学習」で説明しますが，大脳基底核は演奏やスポーツなどに限らず，さまざまなスキルの学習をするときに重要な役割を果たします。学習が順調に進むと大脳皮質の負荷が軽くなり，ほかの事にリソースを割り当てることができるようになります。ほかのことにも注意を向ける余裕が生まれます。

二本足で歩くことを例に考えると，二足歩行は本来は難しいことなのですが，学習が進むとほとんど意識しなくても歩けるうえに，ほかのことをしたり考えたりしながらでも歩けます。大脳基底核がうまく機能しないと，このようなこと（スキルを要すること）ができなくなります。よく知られている大脳基底核の病気としてパーキンソン病があります。思うように動けない，手足が震えるなど，運動性の症状が特徴的です。また，大脳基底核には報酬あるいは報酬期待やモチベーションに関連した神経活動を示す部位も含まれています。大脳基底核の構造と機能は少し複雑です。興味がある人は他書（例えば，苅部ほか：大脳基底核）をご覧ください。

1.2.10　視　床

視床（thalamus）は感覚信号の中継センターであり，情報の統合を行っていると考えられています。ほとんどの感覚信号は大脳皮質に入る前に視床で中継され，視床のニューロンが感覚信号を受け取り，大脳皮質に伝えます。また大脳皮質からも逆向きの入力を受けて，やはり視床のニューロンが大脳皮質に再度信号を届けます。このように大脳皮質との間を行ったり来たりと，視床のニューロンが郵便配達のようなはたらきをするのは，大脳皮質への信号の流れをコントロールするため，また複数の大脳皮質エリアにまたがる情報の統合を効率よく行うためだと考えられています。

1.2.11　脳　幹

脳幹（brain stem）は大脳と脊髄の間にある中軸部で，生命維持に重要なはたらきをしています。覚醒状態や意識のレベルの調整も行います。脳幹の機能が保たれているかどうかは脳死判定の重要な基準になります。

― 第 1 講を終えての Q&A ―

◇：ここまでざっと脳の構造を見てきましたが，なにか質問はありませんか？

♪：一度にはなかなか頭に入りませんが，私は大脳皮質が会社のような組織になっているという話が面白かったです。あるいは脳をオーケストラに例えるというのも興味深くて。前頭前野は指揮者なんですね。

◇：自分自身は直接なにかを出していないという点も指揮者と似ていますね。

♪：でもいないと困ります。

◇：はい。前頭前野は，動物として生きていくということだけに限ればなくても生きていけるのですが，人間的に生きるとか，社会の中で生きていくためにはなくてはならない部位です。

♪：よくできているのですね。でも複雑化したことのデメリットもあるのではないですか？

◇：そうですね。バグがあるのか，よくフリーズしたりしていますよね(笑)。

♪：私の脳もよくフリーズします（笑）。なのでシンプルな脳というのにも憧れます…

◇：その点，昆虫の神経系はシンプルな分散系で完成度が高いです。

♪：いやまあ，そういう意味ではないのですが（笑)。

◇：脳は宇宙だという人もいますが，本当によくここまで進化したものだと感動します。いとおしくなりますね。

♪：本当に，頑張っていますよね。

◇：ところで今回の講義のように，脳の構造を知ると巧妙にデザインされた精密機械のように見えてきませんか？

♪：はい，自分の脳もこうなっているのなら，その中のどこに私はあるのかと不思議な感じがしていました。

◇：本当にそうですね。細部まで見えたらわかるようになるというのとは違いますね。

♪：もし脳のどこを探しても自分というものが見つからなかったら，どうなるのですか？

◇：さあ，どうなるのでしょう。一般向けに書かれたわかりやすい本を紹介しますので，時間があるときに読みながら，ゆっくり考えてみてください。ガザニガさんの『〈わたし〉はどこにあるのか』と『人間とはなにか（上・下)』，イーグルマンさんの『あなたの知らない脳』と『あなたの脳のはなし』という本です。

第 2 講

感覚・知覚

♪：感覚というのは五感のことですか？

◇：それも含みますが，人間の感覚はそれ以外にもたくさんあります。

♪：そもそも感覚はなんのためにあるのかということも知りたいです。

◇：感覚は私たちが外の世界を知って行動するための情報として用いるものと，自分の体の状態を知り適切に対応するためのものがあります。視覚や聴覚は前者ですが，内臓感覚は後者に属します。この講ではそれらを概観します。私たちが自分のまわりにあると考えている世界はさまざまな感覚を統合して構築した「脳内表現」なので，人によって違っていてもなんら不思議ではありません。

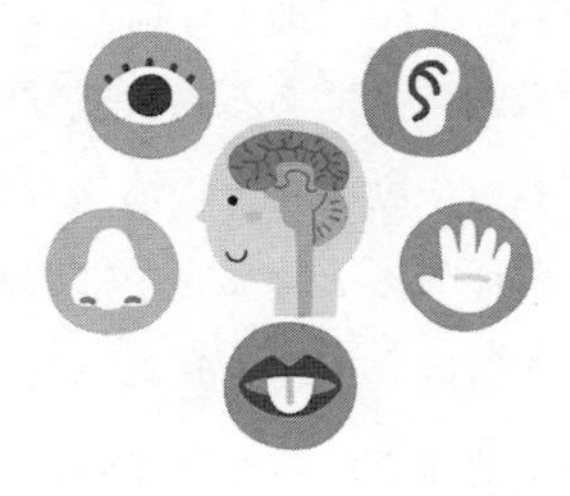

2.1 視 覚

視覚はレンズを通して網膜に映った像を，網膜にある視細胞が電気信号に変換することから始まります。**コーディング**（coding）あるいは**符号化**といいます。電気信号は視神経によって視床を経由して大脳皮質の一次視覚野に伝えられます（**図 2.1**）。ただし，視床は脳の内部にあるので，脳の外からは見えません。一次視覚野では像の基本的要素である線分の向きや動きの方向などを分析します。そこにはそれらに選択的に反応するニューロンが多数存在します。そして，その情報は二次視覚野やさらに高次の視覚野に伝えられて，視覚情報処理が進められていきます。

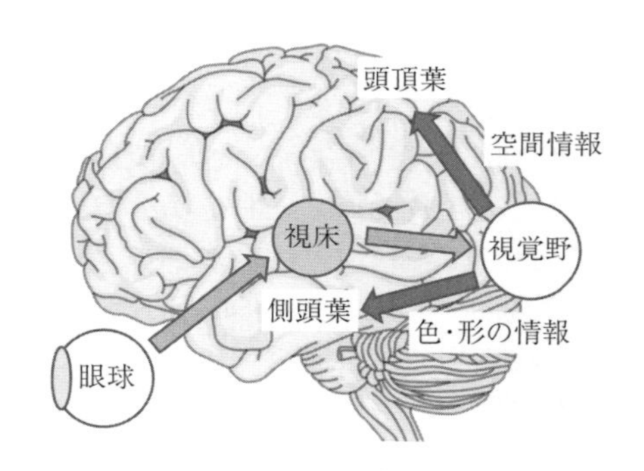

図 2.1 脳の視覚情報処理系

人を含む霊長類の高次視覚野は多数あり，全体が階層構造をしています。また，情報の流れる脳内経路（パス）として，顔や物体の形などは後頭葉の視覚野から側頭葉にある高次視覚野を脳の前方に流れるパスで処理されますが，空間情報は後頭葉の視覚野から頭頂葉にある高次視覚野に向かうパスで処理されます（図 2.1）。それ以外にも色や動きなどの情報も処理する視覚領野があり，並列構造になっています。異種のカテゴリーが別のパスで処理されるので，例えば誰がどこにいるという情報は，それぞれのパスで処理された結果がさらに前頭前野で統合されて初めて認識されると考えられています。

空間情報はスポーツをするときなどにたいへん重要です。楽器演奏も正確な空間情報の知覚を必要としています。視覚やそのほかの情報から空間情報を分析して，運動制御などで必要な情報（自分の位置や周囲の物体との位置関係など）を提供しているのが頭頂連合野です。体性感覚野の後ろにあり，かなり広い面積を占めています。頭頂葉全体の中では上部に位置します。頭頂連合野に障害があると自分のまわりの空間の一部が正しく認識できなかったり，運動そのものができなくなるなどの症状が現れます（丹治：脳と運動）。

◇：ところで左右の視野は，左右の脳で別々に処理されることはご存じですか？

♪：視野というのは，目で見える範囲のことですか？

◇：はい。左視野は脳の右半球の視覚野で処理されます。右視野は逆に左半球で処理され，脳内で一つにつながります。通常はそれを意識することはありませんが，脳のどちらかの半球に障害があって，視覚情報処理のパスが途切れるなどして機能しないと，障害がある半球の反対側の視野にあるものが認識できなくなります。**半空間無視**（hemi-spatial neglect）といいます。意識がそちらに向かないために，見落としているという認識も生じにくいそうです。

♪：視力の問題ではないのですか？

◇：視力の問題ではありません。脳の問題です。

♪：先生，視覚情報が空間情報や物体の形や色の情報などに分かれて処理されるというところまではわかりましたが，それだと見たものがバラバラに分解されてしまいませんか？

◇：おっしゃるとおり，分かれたままだとそうなりますよね。図 2.1 をもう一度見てください。視覚野は後頭部にあって，視覚情報処理のパスはそこから前に進みます。先に行くほど徐々に高次の処理が行われて，図には書いてありませんが，さらに前頭葉まで進みます。すると視覚情報の枠を超えて，つまりそのほかの情報とも結合して，概念のような統合的な理解ができるようになります。

♪：それはもはや視覚イメージではありませんね。

◇：はい，記憶や感情とも結び付いたものなので，具体的な感覚としては捉えることができませんが，意識の作用によって変更を加えたり，新しいものを創造することもできるようになります。

♪：そうなんですね！

◇：しかし一つ間違えると，誤った認識や，ないものを見て（感じて）しまうなど，さまざまな問題を生むデリケートなところなんです。

♪：もっと知りたいです！

◇：面白い本がありますよ(サックス：妻を帽子とまちがえた男，ラマチャンドラン：脳のなかの幽霊，同：脳のなかの幽霊，ふたたび)。

2.2 聴覚

2.2.1 聴覚野

音は鼓膜の振動を電気信号に変えて，脳の視床を経由して大脳皮質の聴覚野に伝えられます(**図 2.2**)。聴覚野ではさらに音の分析が行われ，**周波数地図**（トノトピー：tonotopy）がつくられています。ピッチの知覚は周波数地図を用いていると考えられます。聴覚野は左右の側頭葉の上部にあり，聴覚野があります。そこで音の基本的な特性の分析がなされた後，周辺の**聴覚連合野**（auditory association area）でさらに高次の情報処理が施されます。自然界の音は一般に，

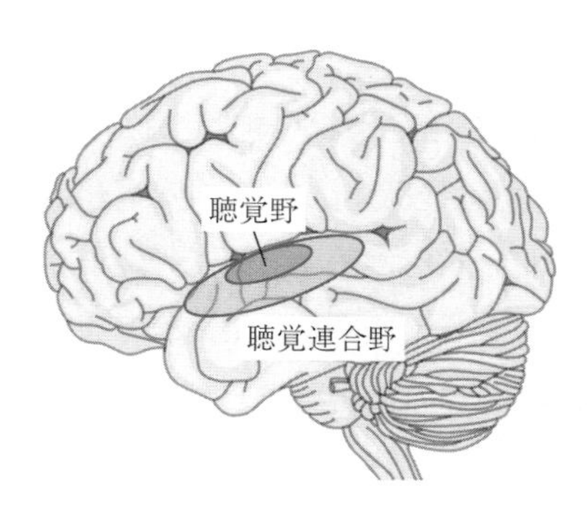

図 2.2　聴覚野と聴覚連合野

一つの周波数ではなく，いろいろな周波数を持っていて，これを周波数スペクトルといいます。基本周波数が同じでも周波数スペクトルが変われば音色が変わります。

音の基本属性はピッチ，音色，音の大きさです（大串ほか：音楽知覚認知ハンドブック）。ピッチとは音の高さであり，周波数が高いほど，高い音として知覚します。人間が音として知覚できる周波数は，だいたい20 Hzから20 kHz（20 000 Hz）の範囲です（個人差があります）。音楽は音の基本属性に加えて，メロディー，ハーモニー，リズムなどの特性を持っていて，これらが統合されて一つの音楽になりますが，これらの特性が分析されるのは聴覚野の外の脳部位であると考えられています。

♪：聴覚野が音の分析をするというお話は刺激的です。

◇：脳はすごいなと思いますよね。

♪：目をつぶっていても音がどこから来るのかだいたいわかりますよね。それも分析しているんですか？

◇：はい。その場合は左右の耳に届く音のわずかな時間差を手掛かりにして，音が来る方向を計算しているようです。音源定位といいます。

♪：えっと，どういうことですか？

◇：音が正面から来る場合は両耳に届くのは同時です。しかし，右から来る音は右耳にわずかに早く到達します。その時間差から方向を計算できます。

♪：ですが，時間差はほんのわずかですよね。そんなもので計算できるんですか？　またどのように計算するのですか？

◇：私たちの時間としてはごくわずかですが，音は振動しているので，振動の単位として見ればそれほど短い時間ではありません。位相という言葉を聞いたことはありますか？　わずかな時間差が大きな位相差となって現れます。また，到達した音の強さにも左右差があるので，それも手掛かりになります。

♪：なんかコンピューターのような感じですが，実際に音源定位ができていることを考えると，たぶんそうなんでしょうね。

◇：フクロウで研究された例が有名です。フクロウは暗闇でもネズミをうまく捕まえることができるんです。音源定位がとても正確なんですね。音源定位の精度を上げるため，左右の耳が非対称になっているそうです。すべてのフクロウではないそうですが。

♪：へえー，面白いですね。

◇：人間はあまり音源定位の精度が高くないようですね。講義で多くの学生の中から突然「先生，質問です。」という声がしたときに，声がどこからしているのかわからずにキョロキョロされている先生を，私は学生時代によく見ました（笑）。

2.2.2　マガーク効果

心理学の講義で学んだ方もいらっしゃると思いますが，**マガーク効果**（McGurk effect）というものがあります。マガーク効果というのは，実際に聞いている音声とは別の口の動きを同時に見ると，実際に聞いている音声が別の音声に聞こえるという現象です。本人は視覚と聴覚の間の矛盾は感じません。脳があたかも矛盾していないかのように自動的につじつまを合わせようとするからです（横澤：つじつまを合わせたがる脳）。

◇：人の音声は聴覚によって理解できますが，唇を読むことでも，ある程度可能です。後者は視覚ですね。このように複数の感覚を同時に脳で処理する場合に，もし異なる感覚の間に矛盾があったら脳はどう反応すると思いますか？

♪：混乱するんじゃないですか？

◇：その結果どうなるのかということですが，YouTube で簡単に体験できるので，未経験の人は「マガーク効果」で検索して体験してみてください。

♪：はい，やってみます。

◇：私は声楽家の方がどういう結果になるのか知りたくて，声楽家の方を対象にした講演会で試したことがありますが，やはりマガーク効果が生じたという方が多かったです。

♪：面白いですね。

◇：また別の機会に音楽家の方々に同じことを試していただいたところ，音大のピアノの先生が，明確な音のイメージを持って聞く場合は視覚の影響を受けずに正しく聞こえるとおっしゃっていました。

♪：なるほど。音楽家は音に集中することによって，この効果を弱めることができるということですね。

◇：イタリアの研究者たちが音楽家と非音楽家の違いを調べた研究があって，音楽家はマガーク効果の影響を受けにくいという結論を出しています（Proverbio et al. 2016）。個人差も結構あるようですが。

♪：映画を吹き替えで観る場合などもマガーク効果はないほうがよいですね。

2.3　体性感覚

体性感覚（somatosensation）とは体の感覚のことで，皮膚感覚（触覚，痛覚，温度感覚）や深部感覚（筋や腱（けん），関節などに起こる感覚）のことですが，内臓感覚は含まれません。それぞれの感覚に対応した受容器というのが皮膚や筋肉にあって，感覚情報を電気信号に変えて脳に伝えます。姿勢や運動の制御のために必要な情報は，この体性感覚から得ている部分があります。体性感覚野は頭頂葉の前部にあり，中心溝に沿って内外側に帯状に広がっています。前講の図 1.2 をもう一度ご覧ください。前頭葉の後部には運動野がやはり中心溝に沿って帯状に広がっているので，運動野と体性感覚野は中心溝を隔てて並列に存在しています。姿勢や運動の制御においては運動野と体性感覚野が一体となって働くことが，この並びからもうかがえます。体性感覚は演奏時に特に意識される感覚ですね。自分が出した音と身体の感覚の高い精度の一致は演奏に欠かせないものだと思います。

2.4　味覚・嗅覚

味覚は本来は食べてよいのかどうかを判断するためのものでした。舌や口蓋などにある味覚受容器は化学物質を検出するはたらきを持っています。嗅覚も味覚と似たはたらきを持っています。鼻の奥にある嗅覚受容器でさまざまな化学物質が検出され，においとして知覚されます。

2.5　内臓感覚

内臓感覚は通常は意識されないことも多いのですが，ストレスを感じたり感情の変化を感じるときになんとなく意識するというのが一般的かもしれません。若いころミュージシャンでもあった精神科医の北山修さんによれば，日本人は情動を表すのに身体用語，とくに消化器の用語を使うことが多いとのことです（福土：内臓感覚）。「腹が立つ」とか「吐き気を催す」などです。腸は第二の脳という言葉もあるように，腸が単なる消化器ではなくて，メンタルにも働く重要な臓器であることも注目されてきています（メイヤー：腸と脳）。心と腸のコミュニケーション，脳に話しかける腸，直感と内臓感覚など興味深い内容が多く，私たちの体がいかによくできたシステムであるかということを知ることができるだけでなく，心身を健康に保つためにはどうすればよいかということに関しても重要な指針が得られます。驚くべきことに，味覚受容器は口内だけでなく消化管全体に分布して存在しているそうです。それ以外にも多種多様なセンサーが消化管にあって脳に信号を送っているそうです。これらが情動に影響を及ぼすことは経験的にわかります。また私たちがなにか重要な決断を迫られたときに，しばしば理屈ではなくて直感的な判断をすることがありますが，これも内臓感覚を用いているようです。

― 第２講を終えての Q&A ―

♪：先生，私には内臓感覚という言葉は新鮮なのですが，話を伺ってとても大事な感覚だということがわかりました。

◇：そうですね。理屈より直感のほうが信頼できると感じることもよくあるので，内臓感覚は意外に正確なのでしょうね。

♪：これからは内臓感覚に頼って生きていきたいです（笑）。

◇：内臓感覚だけで生きていくことは無理なので，ほかの感覚も大切にしてください（笑）。

♪：ところで内臓感覚は脳のどこで処理されるのですか？

◇：島（とう）皮質（4.5 節参照）という部位が受けて，ネットワークで脳のほかの部位に信号を送っていることがわかっています。

♪：もう一つ伺ってよろしいですか。音楽家の悩みの種である演奏前の不安や緊張は内臓感覚的な気がします。

◇：そうですね。音楽家は島皮質を含むネットワーク（セイリエンス・ネットワーク：6.4 節参照）が発達しているという論文も出ているので，敏感かもしれません。内臓感覚の研究が進んで，不安や緊張に対処するよい方法が見つかるといいですね。

♪：はい。心と体がつながっていることを実感できます。そのほかの感覚についても，もっと勉強したくなりました。

◇：ここでは詳しくお話しできませんでしたが，良書が多数出ていますのでそちらをご覧ください。例えばブルームほかの『新・脳の探検（上・下）』はわかりやすくておすすめです。

♪：私は音楽家なので聴覚にとても興味があります。聴覚はとても豊かな感覚だと思うし，独特な気がします。

◇：そうですね。私は学生の頃にラジオの深夜番組を聴いていたときの感覚を懐かしく思い出します。特に耳元で聴く人の声はその人の存在とともに私個人に語りかけている感覚というのがあって，温かみを感じます。

♪：音って不思議ですね。

◇：音を初めて聞いたときの戸惑いと感動を綴った本がありますので，ご紹介します。生まれたときから耳が聞こえなかった人が，大人になってから人工内耳の手術を受けて，生まれて初めて耳が聞こえるようになりました。その方，ミルンさんが書かれた『音に出会った日』という本です。「病院の外に出た時にはじめて風の音を聞いた。母とレストランに行ってパスタを注文したとき，この世界はなんて騒々しいのだろうと思った。」というように，当たり前のように音を聞いている者には気づかないことがいくつも書かれていて新鮮です。その中でとても印象に残ったエピソードを一つ紹介します。

> 手に持ったアルミホイルからポテトチップスを取り出し，口に入れて噛んだときの音に，わたしはぎょっとした。ポテトチップスがこんな大きな音をたてるとは思ってもいなかった。カリカリという音が頭と耳と口の中で鳴り響き，アドレナリンがどっと噴き出して肌がチクチクした。おかしな音じゃない？ なにも考えずに食べていたポテトチップスが，にわかに新しい意味をもち，あたらしい経験になった。
>
> （pp. 244-245）

第 3 講

脳の記憶システムと学習

◇：記憶というと過去の出来事を思い浮かべることが多いと思いますが，記憶にはいくつかのタイプがあります。また，脳内に記憶を形成していくプロセスを学習といいます。本講ではこれらのことを学びます。

♪：音楽を聴いたり楽器を演奏していると，過去のことをよく思い出すことがありますが，なぜですか？

◇：その答えは本書の後半で出てきます。本講ではまずは記憶のタイプから説明します。

3.1　短期記憶

記憶には，大きく分けて短期記憶と長期記憶があります。記憶の短期・長期というのは保持期間の長さを表しています。したがって，**短期記憶**（short-term memory）は保持期間の短い記憶です。通常は数分程度のものです。いま見たこと聞いたことの大半は，それが特に印象的なことでなければ忘れていきます。見たこと聞いたことに対して一時的に脳は反応しますが，反応は一過性で，多くは消えていきます。それがその人にとって重要な情報であれば，脳内で2次的，3次的な反応を引き起こし，後で述べる**長期記憶**（long-term memory）に変換されて脳に蓄えられます。

3.2　ワーキングメモリー

短期記憶の中には，これから行動を遂行するために一時的に蓄えられるものがあります。これを特に**ワーキングメモリー**（working memory：作業記憶）といいます（松波ほか：記憶と脳）。これからの行動に関する記憶なので，まだ起きていないことの記憶，すなわち「未来の記憶」です。

具体的な例を挙げて説明します。ある休日の午後のことです。裕一君はお母さんから夕食に使う食材の買い物を頼まれました。いくつかいわれましたがメモするほどのことはないと，そのまま近くのスーパーに向かいました。このとき裕一君が必要としたワーキングメモリーは，これから近くのスーパーに買い物に行くこと，スーパーまでの道順を思い浮かべること，そして買い物リストを覚えておくことなどです。買い物リストは，買い物が終わって買ってきた物をお母さんに手渡すまで覚えていれば十分であり，その後は忘れて構いません。スーパーまでの道順のワーキングメモリーはスーパーに到着した時点で不要になります。その意味で短期記憶なのですが，ワーキングメモリーの本質はある目的のために一時的に蓄えるところにあります。本質的に能動的な記憶です。

これはみなさんがこれまで持っていた記憶の概念とは異なると思いますが，この例からもわかるように，ワーキングメモリーは私たちが日常生活でいつも使っている記憶なのです。いまこの文章を書いている私も使っています。そして講義を聴いている（本書を読んでいる）あなたもです。

ワーキングメモリーの特徴として特筆すべきものは，容量が小さいことと壊れやすいことです。先ほどの買い物の例でいうと，メモをしないで覚えられる数は限られます。そして家を出るときは覚えていても，いざ買おうとしたら思い出せないという経験は誰にでもあると思います。特になにかほかの物に一瞬意識が向いたりすると忘れやすいですね。用事を思いついて2階の自分の部屋から1階のリビングに降りてきたときに，なにをしに来たのか忘れるというのも同じ理由です。そういうときは2階に戻ってもう一度降りてくる途中で思い出すこともよくありますよね。降りてくればいいのですが，自分の部屋に戻った後，降りて来なくなったら重症ですね（笑）。このように私たちの日常で不可欠なワーキングメモリーですが，容量の小ささと脆弱性はワーキングメモリーが長期記憶のように脳に焼き付けているのと違って，神経回路のダイナミクスで一時的につくられるというメカニズムの違いによるものです。必要なときに一時的に作り，不要になったら消す必要があるからです。買い物が終わったら，先ほど覚えた買い物リストは不要になるので，それを消してつぎのことにとりかかります。新しいワーキングメモリーがつくられます。書いては消してを繰り返すホワイトボードのようなものだと説明する人もいます。

3.3　長期記憶

短期記憶と違って，長期記憶は保持期間が長いです。子供の頃の思い出を年老いても思い出すことができます。長期記憶が形成されるためには，短期記憶から長期記憶への移行が必要です。長期記憶は短期記憶とはメカニズムが異なっていて，シナプスの変化をともないます。これを**シナプス可塑性**（synaptic plasticity）といいます。ニューロン同士はシナプスで接合していて大きなネットワークをつくっています。シナプスが変化するというのは，ニューロン間の信号伝達効率が変化することを意味します。つまりシナプスの変化によって神経ネットワーク内の信号の流れが変化するわけです。このようにして，長期記憶はシナプスに，あるいは神経ネットワークに焼き付けるということができます。このプロセスを**記憶の固定化**（memory consolidation）といいます。固定化といいますが，後述するように，長期記憶は完全には固定されたものではありません。また記憶の固定化はゆっくりした現象であり，内容によりますが，長くて数日かかるものもあります（マッガウ：記憶と情動の脳科学）。

長期記憶には**宣言型記憶**（declarative memory）と**非宣言型記憶**（non-declarative memory）があります。**表 3.1** を見ながら聞いてください。宣言型記憶はさらに意味記憶とエピソード記憶に分けることができます。**意味記憶**（semantic memory）はいわゆる知識であって，学校で学ぶものはこのタイプの記憶が多いです。**エピソード記憶**（episodic memory）はいわば出来事の記憶です。昨日家族でおいしいご飯を食べたとか，昨年こんなことがあったとか，多くのことを覚えています。パーソナルな内容であることが多く，懐かしさやうれしさなどの感情と結び付いていることが多いのが特徴です。宣言型記憶の内容は言葉で説明できるものです。

表 3.1　長期記憶の分類

宣言型記憶	意味記憶 エピソード記憶
非宣言型記憶	手続き記憶 プライミング 古典的条件付け

それに対して，非宣言型記憶は言葉で説明しにくいものです。その典型である**手続き記憶**（procedural memory）は自転車の乗り方とか泳ぎ方などです。言葉で説明するのが困難で，体で覚えていると感じるものです。**プライミング**（priming）は少しわかりにくいですが，潜在記憶の一種で，例えばなにかの言葉（プライマー）を聞くと別の言葉（ターゲット）が浮かびやすくなったり，

逆に浮かんでこなくなるといったものです。プライマーによって脳内で無意識的な処理が行われると考えられています。**古典的条件付け**（classical conditioning）は皆さん学校で習ったと思います。犬に餌を与える前にベルの音を鳴らすことで，しだいにベルの音を聞くだけで唾液を分泌するというパブロフの実験が有名ですね。この場合は餌という無条件刺激に対して，ベルの音という条件刺激と唾液の分泌の関連付けが新たに形成されて，それが記憶の一種になります。これら以外にも記憶の種類は存在しますが，代表的なものは以上です。一つずつ詳しく見ていきましょう。

3.4　意味記憶

意味記憶は私たちが知識として蓄えている記憶で，言葉の意味や歴史的事実，社会のルールなどの記憶です。記憶が形成されると，それをいつどこで学んだかという記憶は失われやすいのも特徴です。例えば，私はアメリカ合衆国の首都がワシントンD.C.であることをいつどこで学んだのか覚えていません。そういうことは無関係に，たくさんの知識が私たちの脳に意味記憶として蓄えられています。蓄えられる場所は，記憶の内容に応じて大脳皮質のそれぞれの領野に分散しています。学校で習うことの多くは意味記憶です。一方で，例えば，私は小学校の新学期に，新しいクラスで音楽の時間にみんなで「春の小川」を歌ったことをよく覚えています。インクのにおいがする新しい教科書を開いて歌ったときの新鮮な気持ちも懐かしく思い出します。「春の小川」の歌詞は意味記憶ですが，みんなで歌ったという記憶は，つぎに説明するエピソード記憶です。

3.5　エピソード記憶

エピソード記憶とは経験した出来事に関する記憶です。先月コンサートを開いたこと，またそこで起きたこと，小さい頃の思い出もあれば，昨日食べた夕食のこともエピソード記憶です。楽しかった，緊張した，悲しかったなどの感情と一緒に覚えていることがエピソード記憶の特徴です。そのため意味記憶と違って，しみじみ思い出すことが多いです。みなさん，『追憶：The Way We Were』という映画をご存じですか。Barbra Streisand が演じる Katie と Robert Redford が演じる Hubbell の恋愛・結婚・破局・再会と別れを描いた 1973 年のアメリカ映画です。Barbra さんが歌った主題歌「追憶」は美しい名曲ですね。

♪心の片隅を照らす思い出
あの頃の私たちのかすんだ水彩画のような思い出
散らばった写真に写る微笑み
見つめ合っていた あの頃の微笑み
ただそんな風に思い出してもいいのかしら
時が記憶を書き換えたのかしら
…

この歌詞はエピソード記憶の本質をよく描いています。一つには，起きた出来事（エピソード）だけでなくてそのときの感情などが一緒に思い出されることです。一本の木にたくさんの枝と葉がついているような感じです。だから思い出すときも，枝か葉の一つから木全体が思い出されることがあります。例えば，あるとき，あるカフェでたまたま流れていた曲を聴いたら，あのときのことが走馬灯のようによみがえるというふうにです。エピソード記憶の本質の二つ目は，書き換えられやすいことです。時が経つにつれて思い出す内容が少しずつ書き換えられていくというのは，思い出すときに変わるのだと思いますが，自ら書き換えに気づくことはあまりないと思います。美化してしまうというのもよくありますね。「追憶」の歌詞のようにです。エピソード記憶の本質の三つ目は，パーソナルな記憶であり一般性がないことです。この点は一般性がある，意味記憶と好対照をなしています。つぎの名言もエピソード記憶の本質をついています。

私は人生で何度もひどい目にあっているが，なかには本当に起きたこともある。（マーク・トウェイン）

いかにもマーク・トウェインらしい表現ですね。後になると夢か現実か区別ができなくなることがよくあるというのは，エピソード記憶が創作されやすいことを物語っています。エピソードを語るときにはその人の思いが入り，現実以上に美しくなることがありますが，おそらく願望ですね。

3.6 H.M.

記憶の研究は心理学や哲学の分野で長い歴史がありますが，脳科学として理解できるようになったのはそれほど昔のことではありません。記憶は脳のどこに貯蔵されているのかということや，脳はどのようにして記憶するのかということは誰もが知りたいと思うことですが，手掛かりが長い間つかめませんでした。記憶の脳科学的研究のブレイクスルーはH.M.さんという方の症例研究によってもたらされました。2008年に亡くなった後は実名（Henry Molaison）が公開されましたが，生前はイニシャルで呼ばれていたため，多くの文献にはH.M.と書かれています。

H.M.さんはアメリカ合衆国コネチカット州マンチェスター生まれの男性です。幼少の頃からてんかんを患っていました。重篤のため薬物療法では治せなかったので，27歳のときに脳の外科手術を受けることになりました。手術は左右両側の**内側**（ないそく）**側頭葉**（medial temporal lobe）にある海馬とその周囲の皮質を切除するという手術です（**図3.1**）。幸い手術は成功して，てんかんの症状は治まりました。しかし，それと引き換えに重度の記憶障害を発症しました。いま経験したこと，話したことや話し相手をすぐに忘れてしまうのです。これを**前向性健忘**（anterograde amnesia）といいます。ちなみに，新しい経験は記憶に残りますが，ある時点以前のことが思い出せない記憶障害を**逆向性健忘**（retrograde amnesia）といいます。H.M.さんの場合は前向性健忘でした。短

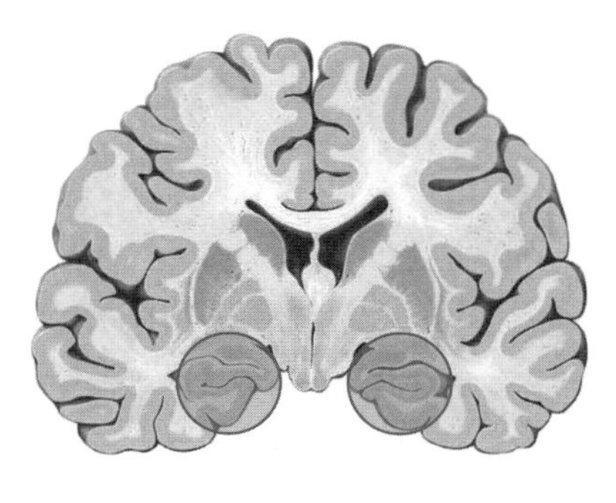

図 3.1　H.M.さんの脳の切除部位（丸で囲った部分，断面）

期記憶は正常でしたが，彼はそれを長期記憶に移行させることができなくなったのです。

◇：いまの話ですが，なにが原因だと考えられますか？
♪：ええっと，てんかんは治ったので，不思議ですね…
◇：手術で脳のどこを切除しましたか？
♪：内側側頭葉ですか。ということは，その切除が前向性健忘の原因になったということですか？
◇：そうです。なので，内側側頭葉が短期記憶を長期記憶に移行させる役割を担っていたということになります。
♪：なるほど，そうですね！

内側側頭葉が短期記憶を長期記憶に移行させる役割を担っているという事実は，たいへん重要な意味を持っています。記憶が脳の特定の部位によって形成されることが初めて明らかになったからです。H.M.さんは手術以前の長期記憶は失っていませんでした。子供のころの記憶は残っていました。このことは記憶が貯蔵される場所は別のところにあるということを意味します。さらにH.M.さんは新たな手続き学習（すなわち手続き記憶の獲得）はできたので，手続き記憶も内側側頭葉にはないこともわかりました。H.M.さんが失ったのはエピソード記憶を形成する機能であり，それが内側側頭葉が担っている機能だったのです。このように，H.M.さんの症例研究によって，長年の謎であった記憶のメカニズムを解明する扉が開かれたのです。

♪：感動的ですね。

◇：はい。H.M.さんの症例研究を行った研究者の一人に，Brenda Milner さんという有名な神経心理学者がいらっしゃいます。彼女は高齢となったいまも精力的に研究と後進の指導に励んでおられます。私も学会で何度かお見かけしていますが，初めてお目にかかったのは，ずっと昔マイアミビーチで開催された北米神経科学会の年会に出席した際に，夜中に着いたマイアミ空港から宿泊ホテルに向かう小型のエアポートシャトルでご一緒したときでした。

♪：先生のエピソード記憶は健在ですね（笑）。

◇：感動的な記憶は特によく覚えてますよね。ずいぶん昔のことですが，座席もはっきり覚えています。

♪：すごいです（笑）。

その後もH.M.さんの症例研究は続きました。先ほど，手術を受ける前の子供のころの記憶は覚えているといいましたが，その頃のことを尋ねたときの返事が変であることに研究者が気づきました。例えば，「お母さんとの楽しい思い出はありますか？」「あ，彼女は私の母です。」「クリスマスとか誕生日なんかでなにか特別な思いではありませんか？」「クリスマスについては自分自身と議論しています。」など，こんな感じです。明らかに正しい受け答えになってませんね。質問者がH.M.さんのエピソード記憶を引き出そうとしたのに対して，彼は期待した答えをしていないのです。エピソード記憶が想起できていない一方で母親やクリスマス自体は覚えている（知っている）ので，意味記憶としては保たれています。つまり彼の長期記憶は**意味記憶化**（semanticization）していたのです。

◇：なぜそのようなことが起きたと思いますか？

♪：子供のころの記憶はあるのですが，クリスマスの楽しい思い出のようなものが出てこない，ということですよね？

◇：はい。

♪：エピソードを思い出すことができないということは，やはり手術でしょうか。切除した内側側頭葉にエピソード記憶を想起する機能があったからではないですか。

◇：そうです。そして，その部位を切除したためにエピソード記憶らしさの特徴である感情などとのリンクができなくなったのです。

♪：でも，子供のころの記憶なので，すでに長期記憶化されていたはずです。

◇：よいご指摘です。内側側頭葉は新しい出来事をエピソード記憶にする際に感情とリンクさせます。内側側頭葉を切除したH.M.さんの子供の頃の記憶が意味記憶化されていたことは，子供の頃の記憶を想起する場合も内側側頭葉が感情とリンクさせるはたらきを持っているということを示唆しています。つまり，エピソード記憶は想起するたびに内側側頭葉のはたらきによって再構成されるということを意味します。

♪：すでにあるものをビデオ再生するというのではなくて…

◇：そうです。その都度再構成するのです。

♪：H.M.さんの話を聞いていると切なくなりますね。私たちが持っている記憶がいとおしいものに思えます。今まで記憶というのを脳のどこかに安定的に残るものという感じで捉えてましたが，そうじゃないんですね。変わるものというか。それだけに大切にしたいという思いが強くなりました。

手続き学習によって手続き記憶が脳内につくられます。手続き学習は言葉によって指示することが難しく，体に覚えさせていく感じになります。習得には時間がかかりもどかしいですが，いったん身に付けてしまうと忘れることがありありません。多くは一生覚えています。この点は，宣言型の記憶と対照的です。当然脳のメカニズムも異なります。

手続き学習で主役を担うのは，**大脳皮質・基底核・視床ループ回路**（cortico-basal ganglia-thlamo-cortical loop circuit）です（**図 3.2**）。ループ回路というのはループ状の回路，すなわち出たものが一周してもとに戻る回路という意味です。大脳皮質からの出力が大脳基底核に伝えられ，そこから視床へ信号が伝わり，視床からもう一度大脳皮質に戻ってきます（苅部ほか：大脳基底核）。

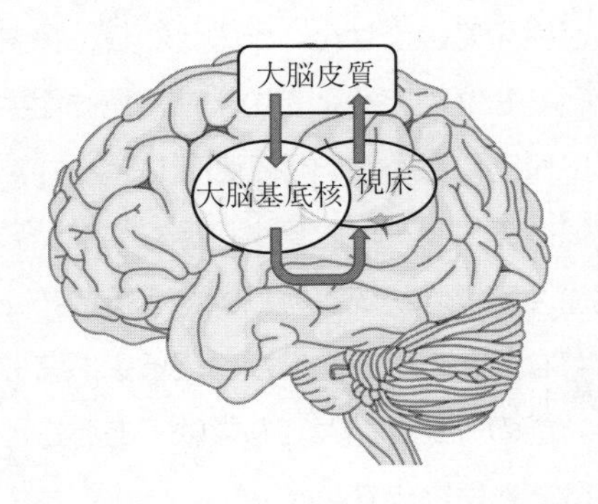

図 3.2　大脳皮質・基底核・視床ループ回路

ループであること，すなわち閉じた回路であるとはどういうものかを知っていただくために，閉じていない回路を説明すると，外からの刺激（情報）を脳内で処理して外に出すという単純なものとなります。これに対して閉じた回路は処理した結果を外に出さずに，もう一度脳内で処理します。演奏の場合は，実際に音を出さなくても心の中で演奏できる，場合によっては修正することもできるということです。そのためにはこのループ回路が精度よくできあがっていることが大事だと思います。こうしてスキルの記憶が蓄えられるといえるかもしれません。私たちは生まれてからずっと，運動，認知，感情などさまざまな機能をうまく制御（処理）することを学んでいます。スキルの学習（手続き学習）はやはり長い時間を要するのです。

興味深いことに，このループ回路は，運動制御のほかに認知処理や感情の制御などを行っているものがあります。どれも基本構造は同じで，パラレルに存在しています。つまり，同じ構造のループ回路がいくつも存在するのですが，大脳皮質の場所が変わると処理する情報の内容が変わるので，それに応じて異なる機能を持ちます（運動制御，認知処理，感情制御など）。

— 第3講を終えてのQ&A —

♪：私は暗記が得意で，学生時代は試験前にたくさんのことを覚えましたが，いまとなってはほとんど覚えていません。その代わり，授業中に印象に残った出来事などはとても鮮明に覚えています。意味記憶はエピソード記憶より忘れやすい傾向にあるということでしょうか。

◇：はい，一般的には，意味記憶はエピソード記憶より忘れやすいです。それに対してエピソード記憶は感情や状況とのリンクを多数持っているため思い出しやすいです。なにかのにおいをかいだら突然昔のある出来事を思い出すなどです。このリンクがとても柔軟であることはエピソード記憶の本質的な特徴だと思います。

♪：リンクさえできればいくらでも覚えられるのでしょうか？

◇：限界があるかどうかよくわかりませんが，柔軟であるために思い出すたび変化しやすく，別のエピソードの断片が誤ってリンクされてしまうことも起こりえます。また，上書きされてしまうこともあります。その結果，なかったことがあったことになったりするので，誤りを正そうとしても，「自分はちゃんと覚えているから間違いない」と主張するので話がまとまらないということが起きます。例えば目撃情報は，本人が実際に見たのだから間違いないと思うかもしれませんが，必ずしも信頼性は高くないという認識に最近は変わりつつあります。

♪：それと昔弾いた曲を覚えていない気がしても，いざピアノの前に座ると指が覚えていて弾けてしまったりします。

◇：それは手続き記憶ですね。体が覚えているというタイプの記憶です。

♪：私は声楽家ですが，昔よく勉強していまだに暗譜できている曲を久しぶりに歌うと，昔の未熟な発声で歌ってしまいます。譜読みや暗譜ができていることは助かるのですが，昔のよくない体の癖まですべて一緒に再生されてしまうので，とてもたいへんです。

◇：昔の未熟な発声で歌ってしまうというのはたいへん興味深いです！

♪：そうですか？

◇：これもまた手続き記憶の特徴が表れています。スキルなので以前に身に付けたスキルを再現するのですね。でもより高いスキルを持っているいまの自分が客観的にそれを評価するわけですから，これを修正するのはそれほど難しくないと思いますが，いかがですか？

♪：今度そのことを意識してやってみます。

♪：学習というと睡眠学習という言葉も浮かぶのですが，睡眠と学習は関係があるのですか？

◇：はい，あります。

♪：本当ですか？ 具体的に知りたいです。

◇：長期記憶形成のプロセスを記憶の固定化といいましたが，学習後の睡眠中にそれが効率よく起きるようです。

♪：それは実感としてよくわかります。前の晩に何度練習してもうまくできなかったので，翌朝弾いたらできるようになっていたという経験があります。不思議ですが…

◇：学習直後より一晩寝た後のほうがスキルが向上していたことを示す実

験結果があります。その間はなにも学習していないにもかかわらず，安定的に睡眠をとることで向上するのです。

♪：ということは，試験前に徹夜で勉強してもあまり効果がないということですね。

◇：おすすめできません。学習を長時間続けるより，こまめに適度な休息を入れて行うほうが効果が上がったという実験もあります。

♪：そもそも私たちはなぜ眠るのですか？

◇：昔から研究されていますが，明快な答えを聞いたことがありません。しかし，これまで数多くの研究がなされて，生物学的，脳科学的，心理学的な成果が蓄積されています（ルイス：眠っているとき，脳では凄いことが起きている）。たとえそういうことを知らなくても，快眠すると気持ちがいいし，心がポジティブになったり，もやもやしていたことがすっきり解決したり，心の傷が癒やされたりと，よいことをたくさん経験するので，睡眠が大切であることは誰にでも理解できますよね。

♪：はい。

第 4 講

運動制御と演奏

◇：今日は運動制御の視点から演奏を考えましょう。

♪：スポーツと同じ運動制御ですか？

◇：そうです。器楽でも声楽でもイメージした音を出すためには，適切な運動制御が必要です。運動野のニューロンの活動（電気信号）が筋肉に伝わって楽器の演奏や発声をします。したがって，運動野のニューロン活動が演奏の善しあしを決める重要な要因であるといえます。しかし，それだけではありません。脳は演奏のような精密で複雑な運動を可能にするためにどのような仕組みを持っているのかを学びましょう。

4.1　運動制御

脳の運動制御システムは，大脳皮質の運動関連領野（一次運動野と高次運動野）と皮質下の大脳基底核および小脳からなります。大脳皮質の運動関連領野は意識的な運動制御を行う際に主導的な役割を果たしますが，大脳基底核や小脳はそれを補う制御あるいは無意識的な運動制御に重要な役割を果たします。大脳から出力される運動指令は脊髄を下って筋肉に伝えられ，筋肉の収縮によって体の動きが制御されます。このあたりの説明は第1講でしました。楽器の演奏は高度のスキルを要する運動制御を必要とするので各論が必要になりますが（古屋：ピアニストの脳を科学する），ここでは運動制御と演奏に関する一般的な脳の機能の話をします。

大脳皮質には一次運動野以外に，運動前野・補足運動野という高次運動野もあることはすでにお話ししました。なぜ高次運動野が必要なのかを理解するために，私たちの日常の体の動きを思い浮かべてください。歩くときや食事をするときの体の動きはたいへん複雑です。演奏やスポーツとなるとさらに複雑さは増し，しかも精度の高さも必要です。したがって，筋肉単位での制御ではなくて，一連の動きをするための体の一部あるいは全体の運動のプランが必要になってきます（丹治：脳と運動）。運動前野・補足運動野という高次運動野はそのような場面で活動します。

運動前野は感覚情報との統合を図り，運動準備状態を脳内につくるはたらきがあります。一連の動きなど複雑な動きは運動前野で表現された信号が運動野に送られて実行に移す仕組みになっています。補足運動野は左右の手の使い分けなども含んだ一連の身体運動の脳内表現を行っていると考えられています。運動前野と比べると，補足運動野は自発性あるいは記憶依存性の運動に対して重要なはたらきをします。演奏時に補足運動野が重要な役割を果たすことを，私たちはイメージ演奏実験によって明らかにしました。音楽家の方にはたいへん興味深い結果だと思うので，8.6節で詳しく説明します。

4.2　感覚フィードバック

意図した動きを実現するために，私たちは感覚情報を利用します。コンサートホールの音の響きを実際に音を出して自分の耳で聴くというのもそうです。演奏中は目や耳や肌などで感じるさまざまな感覚に対する感度を上げて，運動出力(演奏)を調整します。このような運動制御の仕方を工学の世界では**フィードバック制御**（feedback control）と呼んでいます。感覚情報をフィードバックして出力の微調整を行う際の精度，すなわちフィードバック制御の精度を上げるにはフィードバック・ゲイン（感度）を上げることが制御工学の定石ですが，演奏中はこの原理に従っています。このフィードバック制御は身体の機能を維持したり，エアコンに用いて快適な室温を保ったり，まわりを見渡すだけでもじつに多くのものに使われ，役立っています。この制御方式は原理的にシンプルでよいのですが，欠点があります。速い動きに対応できないのです。速い動きというのは時間が短いので，感覚のフィードバックが間に合わないからです。そこで感覚のフィードバックに頼らない制御方式も必要になりました。それがつぎにお話しする，内部モデルを用いた制御方式です。

4.3　内部モデル

第1講でもお話ししましたが，小脳には体のダイナミクスの内部モデルが形成されていると考えられています。脳の中に自分の体の動特性(ダイナミクス)が獲得されているのです。わかりやすくいうと，脳が自分の体の特徴を知っているということです。そのために，大脳が体を動かすための出力を出すと，結果的に体がどのように動くかを脳は計算できるのです。実際の動きを見なくても予測できるのです。このような運動制御を**フィードフォワード制御**(feedforward control）といいます。フィードバック制御と違って，フィードフォワード制御の特徴は感覚フィードバックに頼らず，結果を予測して実行できることにあります。演奏のように正確で素早い運動を制御するのに適しています。感覚フィードバックに頼らない分，内部モデルの精度が結果を左右します。すなわち，よい演奏のためには精度の高い内部モデルを持つ必要があるのです。熟練した演奏家はよい内部モデルを持っていると思います。日々のトレーニングは，内部モデルをよくすることであるといってもよいかもしれません。

4.4 空間認知

掃除ロボットを初めて買うと，誰でも最初はロボットの動きを観察しますよね。そっちじゃないよとか，あれこっちに来るんだとか，ぶつぶついいながらしばらく眺めていると，結構賢いなと感心したりします。空間をどう移動するかがポイントですよね。効率よく空間を移動するためには**空間認知**（spatial cognition）が必要になります。サッカーやラグビーのようなスポーツになると，相手の動きも把握しながら動くわけですから，難易度が上がります。自分も動いているので，鳥のように高所から見るように全体の空間情報を頭に描いていなければなりません。そのためには，目に見えている（網膜に映っている）視覚イメージで見ているだけではなくて，視点を変えることができなければなりません。わかりやすい例で説明します。

いま教室のある席に座って講義を聴いているあなたの目には，講義をしている私と教卓，そしてホワイトボードやスクリーンなどが見えています。目で実際に見えているものは網膜に実際に映っているものですが，あなたはいま自分が教室のどのあたりに座っているのかを知っているので，教室のある場所に座っている自分を天井から見ているイメージを描くことができるはずです。ほかの人や並んでいる机もイメージできると思います。このとき，視点の移動すなわち座標変換がなされたとみなすことができます。この例では，目を原点とした座標から教室に固定した外部空間座標への座標変換になります。外部空間座標のメリットは，あなたがどちらを向いていても位置関係が変わらないことです。これは空間移動をするときに重要になります。このような座標変換を行うためには，外部空間座標への座標変換によって実際には見えていないシーンを想像することができるかどうかが重要なポイントです。

目に見えるものの空間認知は頭頂葉外側部が担うことが知られていますが，視点の移動により実際には見えていないシーンを想像する場合は，頭頂葉内側部の**楔前部**（けつぜんぶ）（precuneus）から内側側頭葉にある海馬につながる経路が関わっていることが，これまでの研究で示唆されています。後で詳しくお話ししますが，脳のこの部分は音楽のイメージをつくることにも関わっていることがわかってきました。また楽譜上，メロディーは時系列表示された空間情報なので，脳内情報処理も一般的な空間認知と類似あるいは共通のものを含んでいるようです。

4.5　認知制御

認知制御（cognitive control）というのは，運動を実行するために必要なさまざまな脳内情報処理をまとめて表現する用語です。ある運動を実行する前に，脳は必要な情報を集めて準備します。例えば，実行手順であったり，目標の設定や実行した後の結果を予測したりします。具体的な手順などは実行し終えるまで脳にワーキングメモリーとして一時的に蓄えます。そのため，運動プログラムと呼ばれることもあります。認知制御は実行中も働きます。例えば演奏中は，出している音を注意して聴きながら，体の感覚を意識し，パートナーの動きも見たりと，多くのものに注意を払うために頻繁に注意のスイッチングをしています。同時に状況の分析を行っています。このような注意のコントロールや状況の分析も認知制御に含まれます。運動野が主要な役割を果たす運動制御に対して，認知制御は**内側前頭前野**（medial prefrontal cortex）や**外側前頭前野**（lateral prefrontal cortex）などの前頭前野が中心的な役割を果たします。これらの部位が損傷を受けると，それまでできていた認知制御ができなくなります。

演奏にはモニタリングやセルフコントロールなども含む多様な認知制御が必要です。モニタリングに重要な脳部位は**前帯状皮質**（たいじょう）（anterior cingulate cortex）と**島皮質**（insular cortex）です（**図 4.1**）。あれこれ考えて実行したこと

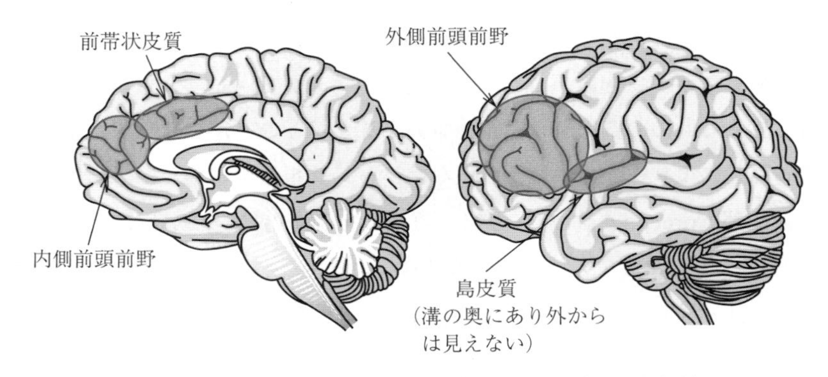

図 4.1 内側前頭前野，前帯状皮質，外側前頭前野，島皮質

がはたしてよかったのかどうかを知るにはモニタリングが必要です。また予想外のハプニングが起きることもあるので，その場で臨機応変に対応することも必要になります。客観的なモニタリングはよい演奏の必要条件です。適切にモニタリングできるかどうかはモチベーションにも影響します。

セルフコントロールの中枢も前頭前野にありますが，多様な機能を反映して，前頭前野内のいろいろな部位が活動します。セルフコントロールには感情のコントロールや衝動的な行動を抑制することも含まれます。そのためには適切な状況判断も欠かせません。

4.6 プランニング

なにかを実行する前に行うのが行動の**プランニング**(planning)です。例えば，どのような演奏をするのかということを演奏前に考えると思います。目標とか理想の演奏を想像して，それに近づけるためにはどうすればよいかと考えるかもしれません。このようなプランニングは，大まかなものから徐々に具体的なものになっていくことが多いと思います。本番直前になって具体的なプランができあがると，ワーキングメモリーを使って本番まで保ちつつ，メンタル・リハーサルを繰り返しながら，さらに改良を加えていっていざ本番で実行する，という流れになるかと思います。ワーキングメモリーの中枢は外側前頭前野にあります（図4.1）。前講で説明したように，ワーキングメモリーの容量は限られているので，あれこれ多くのことを頭に詰め込んで本番に臨んでも，すべてが実行できるとは限りません。

4.7 メタ認知

なにかを実行することを考えるときに，そもそもそれをいま行うべきかどうか，それを実行したらまわりの人たちにどのような影響を与えるか，どう思われるか，あるいはほかにもっとすべきことがあるのではないかなど，私たちは実行する前に多くのことを考えます。ときには情熱や衝動に突き動かされて行動することもありますが，通常は実行することの結果も予想して冷静に考えることが必要です。自分の思考や行動を客観的に理解することを**メタ認知**（meta-cognition）といいます。認知に関する認知という意味です。もう一人の自分がいて，自分の認知行動を第三者的に見ている感覚です。客観視することによってセルフコントロールができるようになります（清水：メタ記憶）。メタ認知の中枢は前頭前野にあり，前頭前野に障害があるとメタ認知機能が低下あるいは失われます（三宮：メタ認知）。

メタ認知は日常生活を送るうえでとても大切な能力であり，教育の現場でも，望ましい学習態度を探求および実践するアプローチとして研究されています（三宮：メタ認知で<学ぶ力>を高める）。生徒に学ぶことを一方的に与えるのではなくて，「なぜそれを学ぶのか」を考えさせることによって，モチベーションも上がり，主体的なより深い学習を可能にすることが期待されます。また，たがいに教え合うグループ学習の効果もメタ認知的学習法の有効性を示すものと考えられています。メタ認知は人とのコミュニケーションでも重要なはたらきをするので，日常生活やビジネスで求められています。仲間と仕事をしていてうまくいかなかったときに，無理に自分の考えを貫こうとするのではなくて，なぜうまくいかなかったのかを考え，必要に応じて修正できる人はメタ認知能力が高い人です。

メタ認知能力が高いと自己肯定感につながります。逆に自己肯定感が低いと社会生活がうまくいかず，不本意な状況に陥り，生きる気力がそがれてしまうことになりかねません。そのような状況から脱出するために，メタ認知療法によるメタ認知能力を高める試みも行われています（三宮：メタ認知）。メタ認知は仕事を含む日常生活のあらゆる場面で必要とされる能力であり，すべての人が備えるべき能力として，今後ますます注目されていくことでしょう。

演奏においてもメタ認知は不可欠であることが認識されるようになり，音楽教育にメタ認知を取り入れる研究が行われています。2019年にイタリアの研究者が音楽トレーニングと演奏におけるメタ認知的スキルの役割という視点から，これまでの研究結果を整理したレビュー論文を執筆しました（Concina 2019）。この論文の中で著者は，音楽トレーニングを強化するためには，単に演奏に多くの時間を割くのではなくて，効率を上げるためにメタ認知的スキルを用いることが大事だと述べています。重要なポイントは，学習者自身がメタ認知の意味と重要性を理解すること，教師との自由なディスカッションによって自分に適した効率的な練習法を見つけること，自身の高いモチベーションによって自律的な練習をすること，自分の演奏を客観的に評価できること，修正が必要であると認めたら自発的に修正できることなどです。

— 第4講を終えての Q&A —

♪：演奏は運動制御だけではなくて，いろいろな認知制御も必要なのですね。

◇：脳は心身のコントローラーなので，演奏は脳の本来の機能を最大限に使っているといえます。演劇でもバレエでも，なにかを表現するものはすべて共通していることです。

♪：演奏時は適切な感情表現のコントロールも必要ですね。

◇：感情系のネットワークと認知系のネットワークは，元来活動が相反する性質を持っているので，そのバランスをとることは難しいでしょう。活動が相反するとは，一方が活動度を上げると他方は下がるという関係にあることをいいます。なので両方をほどよく活動させるには工夫（メタ認知的制御）が必要になります。

♪：なるほど。メタ認知的制御の重要性がよく理解できます。

◇：演奏時は，セルフコントロール，プランニング，モニタリングなどのメタ認知的制御がフル活動すると思います。

♪：はい，実感としてよくわかります。

◇：みなさん苦労しながら，メタ認知的制御のスキルを身に付けていかれるのですね。

♪：演奏の出来具合を客観的に評価するのもメタ認知なのですか？

◇：そうです。演奏中のモニタリングも，演奏後の評価も，メタ認知システムの成熟とともにできるようになってくるのです。そういう意味で，演奏スキルはメタ認知能力によって支えられているといえます。

♪：たいへんよくわかりました。ありがとうございます。

◇：面白い話を思い出しました。ピアニストの頭の中には「鍵盤座標」というものがあると思います。そのため目を閉じていても弾けます。では頭の中にあるこの座標系は伸縮できるものでしょうか？ 座標系という言葉がわかりにくければ，鍵盤の物理的イメージといい換えても構いません。いつも同じ大きさの鍵盤で弾いているので，普段は伸縮させる必要がないものです。

♪：むしろ長い間練習してきて目を閉じても弾けるので，決まった大きさの鍵盤が頭の中にもできあがっているのではないですか？

◇：そう思いますよね。そこであるときこんなことをしてみました。よく音楽脳実験のためにピアノ専攻の音大生が研究室に来られていた頃のことです。研究室には 88 鍵の普通サイズの電子ピアノと全体が小さくつくられた 61 鍵のミニ電子ピアノがありました（どちらも

KORG 社製で，小さいほうは microPIANO という，本体が黒く赤い反響版がついたグランドピアノのようなデザインのかわいいディジタル・ピアノで，机の上にちょこんと置くことができます）。予告なしにこちらのミニ電子ピアノでなにか弾いてみてくださいとお願いしました。異なる日に何人かの人に同じお願いをしたところ，皆さん面白がって弾いてくださいました。

♪：曲は指定されたのですか？

◇：いいえ。ご自由に弾いてくださいといったら，なぜかどなたもトルコ行進曲でした（笑）。ちなみにその中に反田恭平さんはいらっしゃいませんでした（笑）。

♪：そうなんですね（笑）。

◇：それはよいとして，どのくらいミスをするかを見ていたのですが，たまにミスをする程度で，かなりスムースに弾かれたので驚きました。もし頭の中にある鍵盤座標が固定したものならばミスを連発するだろう，という予想は外れました。

♪：ということは…

◇：ピアニストの頭の中にある鍵盤座標はある程度伸縮可能だったんでしょうね。そういえば，皆さん弾き始める前に小さなピアノをしばらく（数秒間）眺めていらっしゃったことを思い出します。あのときに自分の鍵盤座標をアジャストされていたんでしょうね。後でもとに戻らなくなって困ったという話も伺っていませんので，一時的だったと思います。

♪：面白いですね。

第 5 講

感　情

♪：喜び，悲しみ，怒りなどの感情はなんのためにあるのでしょうか？

◇：もし感情というものがなかったら，日々の生活はどのようなものになるか，想像してみてください。

♪：ええっと，味気ない日々でしょうね。生きていく意欲さえわいてこないかもしれません。

◇：そうでしょうね。感情は意思決定に重要な役割を果たし，行動に駆り立てます。困難を乗り越える力にもなります。適切な判断や行動をするために，感情をうまくコントロールすることは重要です。

♪：はい，それは日々痛感しています（笑）。

5.1　感情とは

感情とはなにかと聞かれたらなんと答えますか。『大辞林（第四版）』には，「喜んだり悲しんだりする，心の動き。気持ち。気分。」と書かれています。まぁそんなところかなという感じはしますが，正確な定義は難しそうですね。それになぜ感情がわくのかということも，わかっているようでわかっていません。意思決定に重要な役割を果たすという説があって，アメリカの脳科学者，ダマシオさんが唱えた**ソマティック・マーカー仮説**（somatic marker hypothesis）といいます（ダマシオ：デカルトの誤り）。感情にともなう身体反応の信号（ソマティック・マーカー）が脳内での意思決定プロセスに影響を及ぼすという説です。私たちは日常の行動をロジカルな思考で決めているように思いがちですが，実際は明確な意識にのぼらないような身体反応の信号によって決定していることが多く，理由は後付けしていることがよくあります。

♪：ダマシオさんの本のタイトルに出てくるデカルトというのは，あの有名な哲学者のことですか？

◇：そうです。「我思う，ゆえに我あり」で有名な17世紀のフランスの哲学者ルネ・デカルトです。『デカルトの誤り』（原題：Descartes' Error）というのは，デカルトの心身二元論に挑戦して心（脳）と体の密接なつながりの脳科学的な説明を試みた野心的な著作です。

♪：壮大ですね。

◇：ポルトガル生まれのダマシオさんは脳科学者の中で異色の存在です。ほかにも哲学者の名前が入っている本を書いています（ダマシオ：感じる脳）。日本語のタイトルだとそれがわかりませんが，原題は“Looking for Spinoza”（スピノザを探し求めて）となっています。

♪：今度はスピノザですか。

◇：そうなんです。スピノザは17世紀のオランダの哲学者ですが，一元論者であり，ダマシオさんはその思想にたいへん興味を持ち，デカルトの誤りを指摘したうえで，自らの学説の立脚点をスピノザの思想の中に見いだそうとされているようです。

♪：難しそうですね。

◇：でも，心（脳）と体が一つになって表現することは，音楽や演劇をしている人にとってはごく自然なことですよね。

♪：はい，それはそうですね。

ところで皆さんにお聞きしますが，感情と身体反応はどちらが先だと思いますか。感情が先，あるいは身体反応が先で挙手をお願いします。はい，ありがとうございます。感情が先でその後に身体反応が起きると思う人が圧倒的に多いですね。これに関しては**ジェームス・ランゲ説**（James–Lange theory）というのがあって，ある状況下でまず身体反応が起きて，その変化を脳が察知して感情がわくというものです。身体反応を脳が解釈しているのだと思います。よく「悲しいから泣くのか，泣くから悲しいのか」といういい方をしますが，後者が正しいと主張するのがこの説です。その逆の説（キャノン・バード説）も唱えられていて完全に決着はしていないのですが，最近もジェームス・ランゲ説を支持する実験結果が発表されて話題になりました。けげんな顔をされている人もいらっしゃいますね（笑）。しかし，私たちは自分の感情をそれほど正確には把握できていないと思いますよ。

「涙は出るけれどなぜ自分が泣いているのかわからない」という人もいます。これは**失感情症**（alexithymia）という症状ですが，自分の感情に気づいていない状態です（浅場：自己と他者を認識する脳のサーキット）。感情に関しては未知の部分も少なくありませんが，感情（こころ）のメカニズムについて，例えば櫻井 武さんという方が書いた本『「こころ」はいかにして生まれるのか』では脳科学の視点からわかりやすく解説されています。

5.2 感情の脳部位

感情に関する脳部位として**扁桃体**（amygdala）がよく知られています（**図5.1**）。扁桃体は側頭葉の内側部の前部にある，アーモンドに似た形の小さな部位です。恐怖と攻撃性に特に関係する部位であることが，これまでの多くの実験で確かめられてきました。私たちは一度恐怖体験をすると，つぎに似たような状況に遭遇したときに恐怖反応が強く起こります。これを**恐怖条件付け**（fear conditioning）といいますが，扁桃体で恐怖条件付けが起きることが実験で明らかにされました。扁桃体を破壊した動物実験で，恐怖反応がなくなります。恐怖がないといいなと思っている方もいらっしゃると思いますが，適度な恐怖は生存上欠かせないものです。恐怖以外の感情に関しては活動する脳部位が分散しています。扁桃体，海馬，視床下部，帯状回（帯状皮質）などから構成される**大脳辺縁系**（limbic system）は感情のコアになる構造ですが，大脳皮質も広範囲に活動します。

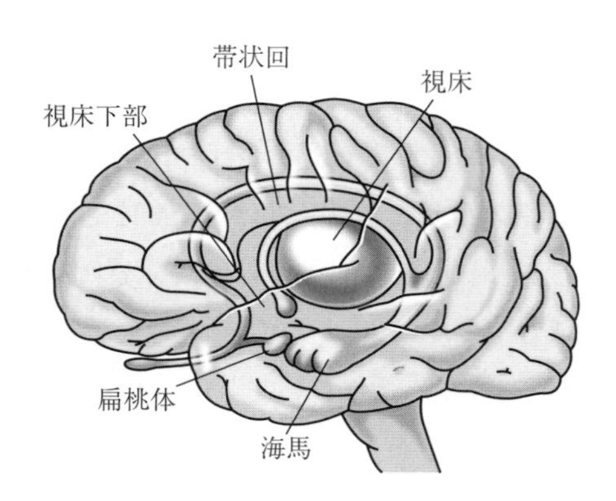

図5.1　扁桃体，海馬，視床下部，帯状回（帯状皮質），視床

右脳が感情を司るということを聞いたことがある方も多いと思います。単純化しすぎて誤解を招くのはよくないですが，感情の処理がすべて右脳で行われるという意味ではなくて，右脳優位（両側で行われるが，より右脳）で処理されるという意味であれば，間違っていません。同じように，言語は左脳優位で

あるといえます。また，心理士はカウンセリングの際に，クライエント（来談者）の左側の顔を見やすい座席に座ることが多いそうです。顔の左側の表情は右脳が制御しているため，感情は顔の左側に表れやすいからです。左側の顔を見るほうが右側の顔を見る場合よりその人の性格がよくわかることは，実験でも検証されています。ただし，言語も感情も優位でない側の脳でも処理されることに注意してください。実際，言語でもプロソディー（抑揚など）は右脳で処理されることがわかっています。また，感情に関しては，左右で異なる感情を処理する（左がポジティブな感情，右がネガティブな感情）という**感情価仮説**（valence hypothesis）も提唱されています。さらに，左右という大ざっぱな違いではなくて，感情ごとに活動する部位が異なるという説もあるので，要するにまだ見解が一致していません。

5.3　感情のコントロール

私たちが社会生活を送るうえで，感情を適切にコントロールできることはとても重要です。それがうまくできないと，不適切な行動をとってしまうことがあります。うれしいことがあって舞い上がっていたり，悲しみに打ちひしがれているときや，心配事が頭から離れないとき，目の前のすべきことを行うことは容易ではありません。感情は生きていくために必要だといっても，それに支配されることは望ましくありません。

感情のコントロールというのは，感情を無理やり抑え込んだりすることではなくて，過剰な反応を抑えて適切な感情反応ができるようにするということが重要だと思います。そのためには感情反応を自覚することが最初のステップだと思います。一時的に強い感情反応が起きても，少し時間が経つと冷静になって，感情反応の原因を分析できるようになります。原因が分析できるようになると，感情の支配から抜け出やすくなります。そのときに行うのが，視点を変えて原因を再評価することで，**認知的再評価**（cognitive reappraisal）といいます。記憶をたどり，ロジックを駆使して，ときには他者の視点に立って，あれこれ考える認知的なプロセスです。その証拠に，認知的再評価をしているときは，前頭前野や下部頭頂小葉などのいわゆる認知系の脳部位が活動度を上げることがこれまでの研究で示されています。4.5節でモニタリングに関わると述べた前帯状皮質も活動します。また，未知や架空のことも含めていろいろな可能性を想像する力も重要です。

5.4 報　酬

日常生活のいろいろな報酬について，脳科学的な研究がされてきました。金銭や物品による報酬はほんの一部です。むしろ精神的な報酬のほうが深くて持続性があることが多いでしょう。また，報酬期待（予測）に脳は強く活動するということもわかってきました。脳内に報酬を評価している，あるいは感じていると思われる部位があります。**側坐核**（そくざかく）（nucleus accumbens）です。この部位は中脳にある**ドーパミン**（dopamine）神経系（A10神経と呼ばれます）の投射を強く受けていて，報酬にドーパミンが深く関わっています。このドーパミン神経系の投射と側坐核を**報酬回路**（reward circuit）といいます。報酬を得たとき，あるいは報酬が得られることを予測したときにドーパミン神経の活動が高まりドーパミンを分泌します。このときに喜びを感じていることが実験で明らかになっています。報酬回路の活性化はモチベーションを高めるはたらきがあり，新たな行動の原動力にもなります。厳しいレッスンにも耐えて音楽を続けていく力にもなっていると思います。音楽を聴いているときにドーパミン分泌量が増えることが実験で確かめられました（Salimpoor et al. 2011）。さらにドーパミン分泌量の増加とともに音楽の喜びが増すことも示されました（Ferreri et al. 2019）。

◇：古代ギリシャの哲学者プラトンが既に「音楽がなぜ人に喜びを与えるのか」という疑問を抱いていたそうです。
♪：驚きますね。当時はもちろん脳に報酬回路があることはわかっていませんよね（笑）。
◇：脳科学という学問はまだ生まれていませんでした。
♪：それに音楽による報酬とはなんでしょうか。音楽が喜びをもたらすことは誰もが知っていることですが，その理由を説明することができるでしょうか。
◇：思いつくところを挙げると，音楽に限らず美しいものに喜びを感じる，感情を揺さぶられることに快感を覚える，気持ちが整理されて，生きる意欲がわく，理解し合える気持ちになれる，癒される，優しい気持ちになる，などでしょうか。

5.5　音楽による感情

音楽は感情の言語であるといわれるように，音楽に感情がともなうことは明白です。なんの感情もわかなかったら音楽はつまらないし，あえて聴きたいとは思わないでしょうね。音楽を聴くときに感じる感情は喜び，悲しみ，懐かしさ，恐怖など日常生活で感じる感情と同類のものと考えられますが，否定的な意見を述べる研究者もいます（ケルシュ：音楽と脳科学）。厳密に同じであるかどうかの議論はありますが，それでも音楽が豊かな感情を引き起こすことは間違いないし，多くの人にとって音楽による感情体験は音楽を聴くモチベーションになっていると思います。音楽と感情の結び付きはおもに音楽心理学の分野で研究されてきました。この分野の第一人者によって書かれた『音楽と感情の心理学』（ジュスリン，スロボダ　編，大串，星野，山田　監訳）という訳本が出ています。

クラシック音楽の愛好家である非音楽家が，クラシック音楽を聴いたときの感情と脳活動を調べた研究があります（Trost et al. 2012）。例えば，メンデルスゾーンの曲を聴くと喜びを感じる度合いが高く，ショパン，ブラームス，ドボルザーク，ビバルディなどの曲の場合はそれが低い反面，優しく，穏やかな気持ちになるという結果でした。これは被験者のグループの統計的な結果を示していますが，個人差があることはいうまでもありません。また同じ作曲家でも曲によって違いがあります。この研究はさらに被験者の感情と脳活動との相関を調べています。驚きや喜びのようなポジティブな感情は左半球優位ですが，ノスタルジアや優しさの感情は右半球優位であることが示されました。音楽を聴いたときの覚醒度（arousal）という尺度で評価すると，覚醒度の高い音楽は運動感覚野を活性化し，逆に覚醒度の低い音楽は内側前頭前野や海馬を活性化するという結果も得られています。

「Chopin Etude Op.10 No.3」を聴いたときの脳活動部位と感情の変化を研究した論文も出ています（Chapin et al. 2010）。これは先ほどの研究と違って，一つの曲を大勢の被験者に聴かせたものです。被験者はすべて大学生（125名）で，この曲の演奏も大学生の一人（女性）がディジタル・ピアノで弾いて録音したものを用いたとのことです。曲を弾きながら時間とともに変化する感情価（ポジティブな感情かネガティブな感情）と覚醒度を記録します。別途MRI装置の中で特製のヘッドホンを使って同じ録音を聴いているときのfMRIを撮ります。そして両者の結果を照合することによって，感情の変化と脳活動の関係を明らかにするという研究手法です。その結果，楽譜に“con forza”（力強く）と書かれている箇所（**図5.2**の4段目と，ここには表示されていませんが，この楽譜の2ページ目以降の2か所を合わせた計3か所）で感情の高まりが観察されました。感情の盛り上がり部分では，次講で説明するミラーニューロンの脳活動部位と重なる部位の強い活性化が認められました。これは共感とも結び付く脳内プロセスを示唆している可能性があり，興味深いです。いま出てきたMRIとfMRIについても次講で説明します。

5.6　音楽の効果

私たちは音楽を聴くときにさまざまな生理学的・心理学的反応が生じることを知っています。これらの作用を利用して医療への応用，すなわち音楽療法のさまざまな試みが行われています。音楽療法は受動的音楽療法と能動的音楽療

図 5.2　楽譜「Chopin Etude Op.10 No.3」（International Music Score Library Project）

法に分けられます（大串ほか：音楽知覚認知ハンドブック）。受動的音楽療法は，音楽を聴くことで症状を緩和することを目的としていて，能動的音楽療法は楽器の演奏や歌唱によって症状を緩和することを目的としています。心身に障害を持った人が対象になり，これまでに自閉症，認知症，パーキンソン病など多くの実践例があります。しかしいうまでもなく，健常者にとっても音楽はよい作用があります。以下，これまでわかってきたことを見ていきましょう。経験的にもよく知られていることも多く，いくつかは脳科学的な証拠も得られるようになってきました。

〔**1**〕 **自律神経系に作用する**　音楽はリラックス効果があるとよくいわれます。音楽を聴いているときに，スローテンポな曲は幸せホルモンともいわれているオキシトシンの分泌を促進し，副交感神経系のはたらきを高め，逆にアップテンポな曲はストレスホルモンともいわれるコルチゾールの分泌を抑制することで交感神経系のはたらきを鎮めることが確認されています（Ooishi et al. 2017）。ストレスを和らげる効果があります。興味深いことに，音楽のストレス低減効果は短調の曲より長調の曲のほうが大きいという研究報告があります（Suda et al. 2008）。

〔**2**〕 **痛みを和らげる**　音楽を聴くことで痛みが緩和されることはよく知られています。痛みは自律神経のはたらきと関係がある場合が多いので，メカニズムがストレス低減効果と共通する部分があると思いますが，最近の脳イメージング法（MRI など）を用いた実験で，脳活動の変化をともなうことがわかってきました。私たちが行った実験の例で説明します（Usui et al. 2020）。身体に慢性的な痛みを感じる線維筋痛症という病気があります。女性に多く発症します。原因が特定しにくいため，有効な治療法が見つかりません。線維筋痛症の患者さん 23 名（全員女性）にモーツァルトの曲「ヴァイオリンとヴィオラのための二重奏曲 ト長調 K.423」を聴いてもらい，その前後の脳活動の fMRI データをとり，解析しました。全 3 楽章（約 17 分）を聴いた後は，多くの人で痛みが和らぎ，データ解析の結果から，楽しいことなどをあれこれ自由に想像する脳内ネットワーク（デフォルトモード・ネットワーク：7.4 節参照）が痛みを感じる脳内ネットワーク（セイリエンス・ネットワーク：6.4 節参照）から切り離されて痛みから解放されている様子を，脳内ネットワークの変化として確認できました。

〔**3**〕 **感情系に作用する**　音楽はさまざまな脳部位に作用しますが，扁桃体もその一つです（Koelsch 2014）。うつ病や不安障害などの精神疾患は扁桃体の過剰活動と関係があると考えられているので，音楽，とくに安らぎや感動をともなう音楽が扁桃体に作用することによって，扁桃体の活動が正常化することが期待されます。感情をうまくコントロールすることは，心や体の健康を保つためにも大切です（榊原：感情のコントロールと心の健康）。最近は，マインドフルネスなど，さまざまな認知行動療法が感情のコントロール，ひいては心の健康のために試みられています。

〔**4**〕 **報酬系に作用する**　人は報酬回路の活性化によって喜びを感じますが，音楽を聴くことによっても報酬回路が活性化されることが確認されました。音楽の喜びを説明する脳内メカニズムです。報酬回路の活性化によって行動のモチベーションが高まり，繰り返し音楽を聴くなど，行動に変化が現れます。

〔**5**〕 **記憶系に作用する**　音楽は記憶系（海馬など）にも作用します。音楽を聴いているときに懐かしい記憶がよみがえるという経験は誰にでもあると思います。認知症の患者さんが昔よく歌っていた曲を聴いたり口ずさむことで，顔の表情が生き生きとしてきて，会話をするようになったという感動的な話を聞いたことがあります。

〔**6**〕 **社会性を高める**　音楽は共感を高め，人と人とのつながりを強くする作用があるようです。演奏を聴くことによって，オキシトシンの分泌が促されるという実験結果があります。オキシトシンは愛情ホルモンといういい方もされていて，人への信頼を高める作用や，社会的な不安や攻撃性を低減する作用があります。

― 第５講を終えての Q&A ―

♪：音楽のよい作用をたくさん教えていただきましたが，よいことばかりとは限りませんよね。

◇：そうですね。例えば特定の音楽の世界に逃避するというようなことは，精神のバランスを崩しかねないですよね。

♪：過激な歌詞の曲や，音楽といえないようなやたらと刺激的な曲などはむしろ危険でしょうね。

◇：一般に報酬回路の活性化というのも，不適切な刺激によって活性化される場合は要注意です。満たされることがないので，さらに過度な刺激を求めて依存症になってしまうかもしれません。

♪：自分の脳の報酬回路の使い方を間違わないようにしないといけませんね。

◇：美しいメロディー，心地よいリズムというのがあるし，ヒーリング音楽と呼ばれる音楽も多数あるし，音楽はバラエティーに富んでいるので，よい音楽に出合うことは喜びです。私は学生の頃は交響曲をよく聴いていましたが，ある頃から室内楽を好んで聴くようになりました。最近はオペラに魅了されています。

♪：世の中には悲しい曲って多いですよね。私もよく聴きます。それも音楽の喜びなんでしょうか？

◇：悲しい曲とよくいいますが，必ずしも聴いて悲しくなる曲という意味ではありませんね？

♪：感動とミックスした複雑な感情ですね。

◇：悲しみというのはネガティブな感情なので，できれば避けたいと思うものですが，いわゆる悲しい曲を聴いているときの感情は違いますね。また聴きたいと思いますね。

♪：美しい曲が多いですよね。

◇：はい。確かに美学の観点から論じられることはよくあります（源河：悲しい曲の何が悲しいのか）。それも突き詰めればとても人間の感情の深いところに届く感じがありますよね。

♪：オペラにも悲劇が多いですね。共感しやすいということもあります。優しい気持ちになれるし，聴いているほうも癒されるような気がします。

◇：そうですね。けっきょくうれしいんでしょうね。

♪：なるほど。

◇：ギリシャ悲劇とかシェイクスピア四大悲劇に限らず，悲劇は昔から人気があったんですね。

♪：やはり共感でしょうか。

◇：それも含めての広義の報酬でしょうね。悲劇のパラドックスといわれています。

♪：確かに不思議です。

◇：アリストテレスが悲劇はカタルシス（精神の浄化）の作用があるのだと論じています（アリストテレス：詩学）。

♪：脳科学では報酬回路の活性化のほかに，もっと気の利いた説明はないのですか？

◇：……

♪：カタルシスという言葉はときどき耳にします。精神が解放されるような感じですか。

◇：アリストテレスは演劇学用語としてこの言葉を使ったそうですが，サックス先生の本『音楽嗜好症』に書かれている例をみますと，大好きだったおばさんが亡くなったとき，楽しみにも悲しみにも反応しない日々がしばらく続いたそうです。コンサートに出かけたけれど，退屈で効果はなかった。しかし，コンサート最後のゼレンカ作曲の「エレミアの哀歌」を聴いたときに，何週間も凍りついていた感情が再び流れ出し，涙がこぼれたとのことです。

♪：わかります。

◇：私も父が亡くなり葬式を済ませた3日後にオペラを観に行って，胸のあたりが爽快になり，悲しみのどん底から救い出された感じがしました。

〈こぼれ話〉

「エレミアの哀歌」というのは，旧約聖書の「哀歌」に基づいています。紀元前586年にユダ王国の首都エルサレムが，新バビロニアのネブカドネザル王によって征服され，かつてのソロモン王が築いた神殿も破壊されました。イスラエルの民は囚われの身となってバビロンに連行され，捕囚の期間は約70年に及びました。「哀歌」はその悲しみをつづったものです。旧約聖書の中で最も深い悲しみに満ちた書であるといわれています。全体は5章からなりますが，第1章1節は以下です（聖書 新改訳2017）。

ああ，ひとり寂しく座っている。
人で満ちていた都が。
彼女はやもめのようになった。
国々の間で力に満ちていた者，
もろもろの州の女王が，
苦役に服することになった。

そして最後は苦難からの解放の祈りがささげられています（第5章21, 22節）。

主よ，あなたのみもとに帰らせてください。
そうすれば，私たちは帰ります。
昔のように，私たちの日々を新しくしてください。
あなたが本当に，私たちを退け，
極みまで私たちを怒っておられるのでなければ。

この主の怒りというのは，長きにわたる民の不従順（背信）が招いたものです。預言者エレミアはそれがどのような結末をもたらすかを民に警告し，民のために祈り，涙しました。

第 6 講

共　感

◇：私たちは社会的動物といわれます。社会生活を送るうえで他者との関わりが不可欠ですが，そこに喜びもあれば，ときに煩わしさも感じながら生きているのが私たちではないでしょうか。

♪：人間の心理って複雑ですよね。

◇：悩みながら社会生活を送っている私たちは，ふと自分とはなんだろう，どうしていまここにいるんだろうなどと思ったりします。孤独を感じるときもありますが，他者のために考え，行動するときに喜びを感じる賜物も授かっているのです。

6.1　心の理論

心の理論（theory of mind）は，もともとは「チンパンジーは心の理論を持つか」という問から生まれました（子安，郷式：心の理論）。ということは人は心の理論を持つということは知られていたわけですが，低年齢の子供はまだこの機能を備えていません。そのための脳内ネットワークがまだ発達していないからです。心の理論を持っているか否かを判定するための面白い実験があります。マクシ課題と呼ばれています。「マクシはキッチンで母親が買い物袋を開ける手伝いをしています。彼は買ってきたチョコレートを緑の棚に入れます。その後マクシは外に遊びに行きました。緑の棚は食器棚なので，母親はチョコレートを菓子棚である青い棚に移します。母親は卵を買うために外出し，マクシは遊び場から戻ってきます。さて，楽しみにしていたチョコレートを食べるためにキッチンに戻ってきたマクシは，チョコレートがどちらの棚にあると思っていますか？」と被験者に尋ねます。正解はもちろん緑の棚ですが，そこにはチョコレートはありません。心の理論が未発達な子供は青い棚と答えます。なぜそう思うのと聞くと，お母さんがチョコレートを青い棚に入れたからと答えます。

心の理論は他者の心を類推し理解する能力のことで，社会の中で生き抜くためにとても重要な機能です。心の理論のネットワークは内側前頭前野，**側頭頭頂接合部**（temporo-parietal junction），**後部上側頭溝**（posterior superior temporal sulcus）から構成されています（**図 6.1**）。内側前頭前野は自己の内面を考えるときにも活動する部位です。この部位が心の理論のネットワークの主要部位であるということは，自己と他者の捉え方を示しているようで興味深いです。「自己と他者」という哲学者たちが議論してきた問題に脳科学的な視点が加えられることによって，私たちの認識が変わる可能性を秘めています（嶋田：脳のなかの自己と他者）。

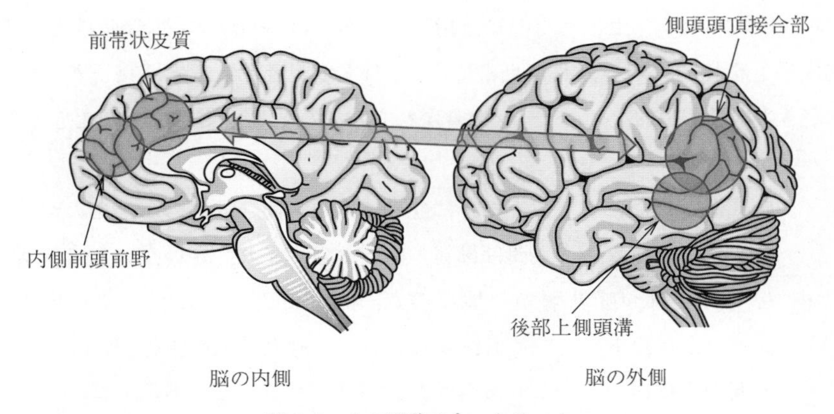

図 6.1　心の理論のネットワーク

6.2　社会脳

私たちの知的能力は複雑な社会的環境に適応するために進化した，という学説があります。これを**社会脳仮説**（social brain hypothesis）といいます。社会脳というと，心の理論やミラーニューロン（次節参照）などの領域を合わせたものを指すことが多いと思いますが，まだ定義がはっきりしているわけではなくて，今後の研究の進展によって変わる可能性があります（子安，大平：ミラーニューロンと〈心の理論〉）。

以前に**心の知能**（emotional intelligence）という言葉がよく使われました。自己や他者の感情を知覚することや，自分の感情をコントロールする知能のことをいいます。昔から知能検査というものがありましたが，知能指数が高い人が必ずしも社会で成功するわけではないことは，多くの人が気づいていたことです。ほかにも大事な知能があるはずだということで，心の知能が注目されるようになったわけです。ダニエル・ゴールマンという心理学者・ジャーナリストが書いた啓蒙書が全世界的なベストセラーとなって，多くの人に知られるようになりました（ゴールマン：EQ―こころの知能指数―）。彼のもう一冊の著書で，社会でよりよく生きるためには社会的知性がいかに大切かを論じています

(ゴールマン：SQ　生きかたの知能指数)。こちらは脳科学の「社会脳」分野の研究成果も積極的に取り入れた良書です。この本の訳者である土屋京子さんがあとがきの中で印象的なメッセージを書かれているので，載せさせていただきます。

> 時代がどんなにヴァーチャルになっても，人間と人間のふれあいがなくなることはない。人間は母親の肉体から生まれ，かいがいしく世話を受けて育つ哺乳類の一種なのだ。iPod で両耳をふさいで世界をシャットアウトしていても，ふと目を合わせた他人の視線ひとつで，人間の心は傷つくこともあれば勇気づけられることもある。ゴールマンが本書の中でくりかえし強調しているように，人間は他者からの影響を受けずには存在できない。他者の感情を受け止めれば，それに左右されずにはいられない。だからこそ，それを望ましい方向へ向ける知性が大切なのだ。

6.3　ミラーニューロン

20 世紀の終わり頃にイタリアでたいへん興味深い発見がありました。**ミラーニューロン**（mirror neuron）です。ミラーニューロンとは，自ら行動するときと他者が行動するのを見ているときに，その両方で活動電位を発生させるニューロンのことです。つまり，自ら行動するときに活動する運動系のニューロンの中で，自ら行動しなくても，他者が行動するのを見ることでも活動するニューロンです。他者の行動を見て，まるで自分自身が同じ行動をとっているかのように「鏡」のような反応をすることから名付けられました。イタリアのリゾラッティの研究グループが，マカクザルのニューロン活動を調べていて偶然発見したものです。**腹側運動前野**（ventral premotor area，運動前野の下部）にあるニューロンで，1992 年の論文で最初に報告されました（di Pellegrino et al. 1992)。発見者自身による啓蒙書が出ています(リゾラッティ，シニガリア：ミラーニューロン)。人間の脳に関しては，おもに fMRI による機能イメージング法で研究され，私たちの脳にもあることが確認されました（当然予想されていたことですが）。ミラーニューロンが確認された脳部位は，腹側運動前野，運動野，下頭頂葉，そして後部上側頭溝です。これらの部位からなるネットワークをミラーニューロン・ネットワークと呼ぶことがあります。

♪：前講でも出てきましたが，fMRIってなんですか？

◇：fMRIはfunctional magnetic resonance imagingの略で，日本語で機能的核磁気共鳴画像法といいます。MRI装置を使って脳を画像化する技術の一つで，脳の活動度や機能的な結合（ネットワーク）に関する詳細な空間分布（マップ）が得られます。脳内の血流量と酸素代謝に基づいて算出します。

♪：MRIというのもあるんですね？

◇：MRIというのは最初に開発された核磁気共鳴画像法のことで，物質の核磁気共鳴現象を利用して生体内部の情報を画像化する技術です。ミリメートルの精度で脳の形を画像化することができる技術で，MRIデータをコンピューターで処理すると，写真のように鮮明に脳の表面や任意の断面を見ることができます。MRI画像もfMRI画像も同じMRI装置を使って撮ります。病院によくあるドーナツ型の装置です。脳の構造を見るときはMRI画像を撮り，脳の活動を調べるときはfMRI画像を撮ります。両者の切り替えはMRI装置のオペレーションの仕方を変えるだけでできるので，1回の実験で両方撮ることが多いです。

ミラーニューロンの研究は，自己と他者の理解あるいはコミュニケーションの脳内メカニズムとして注目され，現在でも盛んに研究されています。ミラーというと相手の動きをそっくりそのまままねることと受け取られかねませんが，ミラーニューロン活動の本質はアクションの脳内表現（あるいは意図・目的）にあります。例えばテーブルの上にあるコーヒーカップに手を伸ばすというアクションの場合，ミラーニューロン活動はコーヒーカップに手を伸ばすというアクションを表現しているのであって，そのときの指の形などは重要ではありません。したがって行動の模倣ではなくて，アクションの意図（コーヒーを飲もうとしている）を理解している活動だと考えられています(キーザーズ：共感脳)。

コーヒーカップに手を伸ばすというような他動詞的アクションの場合は意図が明瞭であることが多いのですが，自動詞的アクションの場合は必ずしも意図が明瞭であるとは限りません。例えば，会話中に突然涙ぐむのを見たとき，その意味がすぐに理解できるかどうかはわかりませんね。状況によるし，人間関係も含めてさまざまなことを考えないと理解できないこともあると思います。一般に，サルのミラーニューロンが活動するのは他動詞的アクションに多いことが知られていました（リゾラッティ，シニガリア：ミラーニューロン）。人は自動詞的アクションの場合にもミラーニューロン活動が見られますが，その強さは意図の明瞭度によって異なるようです。これはミラーニューロン活動がアクションそのものではなくてアクションの意図を表していることを示していて興味深いです。

人は顔の表情にとても敏感です。ほんのわずかな表情の変化からでも，その人の感情を読み取ることができます。笑顔を見るとこちらも笑顔になり，悲しい顔で話す打ち明け話を聞いている人は悲しげな顔になります。それによって感情の伝染が起きます。これはいわゆる非言語コミュニケーションですが，ときとして言語以上に伝え合う，あるいはわかり合えることがあります。理屈で考えるというより「感じる」ものです。見ただけで感じる，わかるという感覚が生じるのは，自分の脳内のミラーニューロンが活動するからだと考えられます。最近は感情的コミュニケーションにおける役割に注目した研究も多く行われています。他者の身体表現から，ミラーニューロン活動によって観察者が感じるもの，感情，痛み，さらに他者への共感などがあります（キーザーズ：共感脳)。感情によるつながりや心が通い合う感覚など，これまで科学的なエビデンスがなかったものが脳科学的に議論できるようになったという意味で，ミラーニューロンの発見は脳科学の発展に大きく貢献しています。

ミラーニューロン活動の応用の一つとして，自閉症治療において模倣を取り入れた行動療法が有効であるという報告があります（イアコボーニ：ミラーニューロンの発見）。自閉症患者とは心が通じにくいという実感を持ちますが，ある行動を模倣したりさせたりすることで，患者と治療者との間で相互作用が生まれるそうです。自閉症患者はミラーニューロン機能に障害があるという説がありますが，この話はミラーニューロンが人と人をつなぐということを端的に表していると思います。

このイアコボーニの啓蒙書『ミラーニューロンの発見』は早川書房から文庫版が出ているので，興味がある人は是非お読みください。第一線でミラーニューロンを研究している人としての熱意が伝わってくるし，とてもわかりやすく書かれた良書です。それにしても，ミラーニューロンの発見自体も，またその後の展開もとても感動的な物語です。この本の中に書かれていますが，発見者のリゾラッティたちはミラーニューロンを探して研究をしていたのではなくて，脳に損傷を負った患者の運動機能を回復させる画期的な治療法の開拓につながればと，マカクザルを使って運動制御の神経生理学的な行っていたときに偶然発見したものです。いわゆる**セレンディピティ**（serendipity：偶然の発見）です。イアコボーニによれば，リゾラッティはルネサンス的教養人だそうです。アインシュタインを連想させるぼさぼさの白髪頭といい，幅広い教養に裏打ちされた鋭い直観力といい，まさに科学者としての鏡，ミラーのような人です。ところで，リゾラッティはイタリアにあるパルマ大学の教授です。パルマといえばオペラの町で，かのヴェルディもこのあたりの出身です。この町でミラーニューロンが発見されたことは単なる偶然ではないかもしれません。オペラと脳科学，想像するだけでも楽しくなりますね。

♪：素敵ですね。私はピアニストですが，ピアノ演奏でもミラーニューロンは活動しますか？

◇：よい質問です。ピアニストがピアノ演奏を聴くとミラーニューロンが活動します。これはピアノを演奏したことがない人にはほとんど見られません（Bangert et al. 2006）。

♪：そうなんですか！ということは…

◇：ピアニストはピアノの音を聴くとアクションつまり演奏時の指の動きなどを連想できるからだと思います。音とアクションを結び付けるネットワークが脳内につくられているからです。先ほどのいい方をすれば，ピアニストはピアノ演奏の脳内表現を持っているということです。

♪：なるほど。

◇：これはどの楽器でも，さらに楽器以外のものでも同じだと思います。

♪：先生，私も一つ質問があります。ミラーニューロン活動はコーヒーカップに手を伸ばすというアクションを表現しているという説明がありましたが，その場合コーヒーカップや手そのものに反応している可能性はありませんか？

◇：いいえ。テーブルにコーヒーが入ったカップが置いてあって人がいて手がテーブルの上に出ているのと見ると，コーヒーを飲むためにカップに手を伸ばすというアクションは連想しやすいですが，実際にそうするかどうかは不確定です。それに手はほかにもいろいろな機能があるので，特定のアクションと対応していません。なのでコーヒーカップや手そのものに反応することは運動系であるミラーニューロンではありえません。高次視覚野のニューロンの中にはコーヒーカップや手そのものに反応ものがあると思います。

♪：なるほど，脳のどの部位にあるかによってニューロンの活動が違うんですね。

6.4　心の痛み

私たちは生きていく中で心の痛みを感じることがあります。誰でも即座にいくつも浮かぶと思いますが，自分のことを思い出すと辛いので，あえて文学作品を挙げますと，例えば夏目漱石の『こころ』です。少年が鎌倉の海岸で知り合った「先生」と呼ぶ男性がつづった悲しい過去の告白の手紙です。自らも親友を裏切り，自殺へ導いたことへの自責の念に堪えかね，最後に死を選びます。この小説の最後の部分にはこう書かれています。

> 私は私の過去を善悪ともに他の参考に供するつもりです。しかし妻だけはたった一人の例外だと承知して下さい。私は妻には何にも知らせたくないのです。妻が己れの過去に対してもつ記憶を，なるべく純白に保存しておいてやりたいのが私の唯一の希望なのですから，私が死んだ後でも，妻が生きている以上は，あなた限りに打ち明けられた私の秘密として，すべてを腹の中にしまっておいて下さい。

このことに（当然のことながら）まったく関わりがなかった私がいま読んでも，心の痛みが伝わって来ます。その痛みはほかの人が足の小指をタンスの角にぶつけたのを見たときに感じる痛みとどちらが強いでしょうか。ばかなことをいっていると思わないでください。私たちの脳は，心の痛みも体の痛みも同じ場所で感じているのです。どちらも，痛みを感じているときは前帯状皮質と島皮質からなるネットワークが活性化します。このネットワークは比較的最近になって注目されるようになったネットワークです。**セイリエンス・ネットワーク**（salience network）といいます。前帯状皮質はモニタリングをする部位でした（機能はそれだけではありませんが）。島皮質は身体・内臓感覚や感情などと関連する部位です。これらが一つのネットワークとして痛みを感じているときに活動することが実験で確認されました。痛み以外にも，悲しみや喜びでも活性化されるという報告も多数あります。

痛みと悲しみを感じるときの脳活動を調べた研究例を紹介しましょう。アメリカのサウスカロライナ大学で行われた実験です（Najib et al. 2004）。過去 4 か月以内に恋人と別れた女性で，立ち直りつつあるがまだ悲しみを感じている人という条件で被験者をリクルートしました。うつ状態にあるなどまだ立ち直っていない人や薬物依存に陥っている人は除外したそうです。条件に合う被験者を集めるのに苦労したとのことですが，最終的に9名の18歳から40歳までの右利き女性のfMRIデータを撮って解析することができました。実験はMRI装置の中で，別れる前の恋愛中のことを思い出してもらうことと，恋愛とは無関係の誰かのことを思い出してもらうことで，そのときの脳活動を調べるというものです。両条件の脳活動を比較したところ，恋人だった人のことを思い出しているときは恋愛とは無関係の人を思い出しているときと比べて，全体的に脳の後半部分が活動が高くなっていて，セイリエンス・ネットワークや報酬系が含まれる脳の前半部分は逆に低くなっていました。

♪：別れた恋人のことを思い出しているときに報酬系の活動が低かったというのはわかりやすい結果ですが，セイリアンス・ネットワークの活動が低いのはなぜですか？

◇：それに関しては，この研究を行った人たちも予想外だったようです。

♪：悲しみを感じているんですよね。

◇：そうでしょうね。ただ失恋の直後ではなくて，立ち直りつつある時期に実験に参加しているので，痛みや悲しみだけではないのでは…

♪：こういうときの心理は複雑ですからね。でもわかるような気がします。

◇：悲しみの気持ちを和らげるために感情をフラットにしようと努めていた人もいるかもしれませんね。この結果の解釈に関しては彼らの論文の考察も不十分であり，なかなか難しいところだと思います。

♪：個人差も大きいでしょうね。

◇：そもそもこういう実験はやりたくてもなかなかできません。「失恋した人募集中」という案内を掲示しても，そういう人はなかなか参加してくれません（笑）。そういう意味でたいへん貴重な研究です。

♪：私はこういう研究があること自体に驚きました。

◇：そうですね。心の痛みは芸術の根源ともいえるものだと思うので，痛みを感じる脳内ネットワークの研究によって，芸術を脳科学的に理解する助けになることも期待できます。
♪：先生の興味はそこにつながるのですね。

6.5 共　感

悲惨な事件が起きた現場にたくさんの花束が捧げられます。手紙が入っていたり，食べ物が添えられたりします。「怖かっただろうね。痛かっただろうね」と心を痛め，手を合わせて涙を流しているニュース映像などを見ると，共感が人々の心をつなぐはたらきを持っていることを認識します。共感とは，うれしいことも含めて喜怒哀楽を共有することをいいます。共感には前出の心の理論，ミラーニューロン，痛みを感じることがベースにあります。私たちは他者の顔の表情を読み取る機能が優れています。悲しい顔を見れば悲しい気持ちになり，うれしそうな顔を見ると自分もうれしくなります。実際，実験で表情のある顔を被験者に見せたら，ミラーニューロン・ネットワーク，島皮質，そして感情を形成・処理する大脳辺縁系のすべてで活動が高まったという研究報告があります（イアコボーニ：ミラーニューロンの発見）。表情のある顔を見ることで，被験者にある感情が生じたと推測されます。

このように共感は社会的に望ましいものですが，共感力が強すぎて心理的なストレスを抱えている人もいます。発生頻度のまれな神経発達障害である**ウィリアムズ症候群**（Williams syndrome）の患者は，健常な範囲を超えて共感が過剰になっていると思われます。流暢（りゅうちょう）な会話と過剰な社会的交流，さらに他者に対する情動過多が特徴です。また，顔認知能力が高い反面，空間認知能力が低いというのもこの症候群の特徴です。自閉症スペクトラム障害と対照的な発達障害ですが，ウィリアムズ症候群の児童は人の心を理解するのが得意だそうです（梅田：共感）。また，音楽に対する感情反応が並外れて強いことも特徴です（サックス：音楽嗜好症）。

― 第6講を終えてのQ&A ―

♪：私は声楽家ですが，以前先生のご講演で，ミラーニューロンはオペラ鑑賞で重要なはたらきをするとおっしゃっていたことを思い出しました。

◇：そうです。実際にオペラ鑑賞中の脳波を解析したら，ミラーニューロン活動がはっきり出ていました（Tanaka 2021）。

♪：それは共感を表していると考えてよいのですか？

◇：その可能性はあります。しかし，それ以外にも興味深い要素が含まれている面白い実験だと思っています。被験者は全員オペラ経験のある声楽家で，しかも自分のレパートリーの中から選んでもらって実験をしたので，内容を熟知していて自ら経験されているという条件でした。オペラは脚本と楽譜のうえに歌唱とパフォーマンスがあるので（辻：オペラは脚本から），相互の関係や演出がミラーニューロン活動にも影響していると思います。

♪：共感が強い人はミラーニューロンのはたらきが強いと考えてよいですか？

◇：はい，実験で検証されています。

♪：そうなんですね。少し脳科学を理解できたみたいでうれしいです。

◇：compassionという言葉があります。慈悲や思いやりと訳します。キリスト教では神の慈しみのことで，聖書のいたるところに出てきます。慈悲や思いやりの気持ちが強い人はセイリエンス・ネットワークが強いという研究報告もあります。心の痛みを感じ，共感しやすい傾向があるのだと思います。

> 人とは何ものなのでしょう。あなたが心に留められるとは。
> 人の心とはいったい何ものなのでしょう。あなたが顧みてくださるとは。　　詩篇8章4節（聖書 新改訳2017）

第 7 講

情景

◇：私たちの脳は情景を思い浮かべることが得意です。物語を聞いて，あるいは文章を読んで情景を浮かべるという場合などです。過去に実際に見た光景を再現することもできますが，まだ見たことのない情景を脳内で作り出すこともできるのです。

♪：確かにそうですね。

◇：誰もが日常的に行っていることですが，よく考えると，とても高度な機能であることに気がつきます。審美性や創造性とも関係があります。現在の脳科学はこれについてなにを語るのか，見ていきましょう。

7.1　情景の構築

まずつぎの文章を読んでください。

> 国境の長いトンネルを抜けると雪国であった。夜の底が白くなった。信号所に汽車が止まった。

川端康成の有名な小説『雪国』の冒頭部分です。この短い文章を読むだけで情景が浮かびます。汽車が発するシューッという蒸気の音も聞こえてくるようですね。この続きを読みましょう。

> 向側の座席から娘が立って来て，島村の前のガラス窓を落した。雪の冷気が流れこんだ。娘は窓いっぱいに乗り出して，遠くへ叫ぶように，
> 「駅長さあん，駅長さあん」

まるで映画を見ているようです。静の世界から動の世界へ。人が現れ，動きが見えて，声が聞こえます。平易な文章がいくつか続くだけで，生き生きとした情景を描けるなんて本当に驚きです。なぜこのようなことが可能なのでしょうか。

イメージという単語を私たちは日常で頻繁に使います。ほとんどの場合は**心的イメージ**（mental imagery）のことです。心的イメージの研究に関しては長い論争の歴史がありますが（コスリンほか：心的イメージとは何か），ここではそれに立ち入らずに話を進めます。私たちは心的イメージを使って考え，理解し，コミュニケーションしています。小説を読んでいるときやラジオを聴いているときなどに想像するシーンというのも心的イメージです。心的イメージは言語化しにくく，かつ自動的につくられることが多いため，捉えにくい面があるのですが，便利でとてもパワフルな機能です。それを担っている脳部位も

わかってきました。昔のエピソードを思い出しているときや物語を聞いているときの脳活動を調べる fMRI 実験で特定されました。脳の内側の海馬から楔前部につながる領域です。この領域が情景を構築する際に活動します。海馬は記憶の固定化で重要な部位ですが，エピソード記憶の想起でも不可欠です（第3講でお話ししたH.M.さんのことを思い出してください）。

楔前部は頭頂葉の内側にある広い領野です（Cavanna and Trimble 2006）。7.4節の図7.1をご覧ください。この部位はエピソード記憶の想起で活性化され，情景構築の主要部位であると考えられています。視覚野の前にあるため視覚野との結合が強く，視覚イメージをつくる部位のように思えますが，視覚野との違いを示すつぎのような研究があります。英単語を聞いてそれが示すものをイメージする実験です（D'Esposito et al. 1997）。英単語は apple，house，horse のような具体的なイメージを描きやすいものと，treaty，guilt，tenure のようにイメージしにくいものの2種類を用いています。単語の種類によって脳の活性化部位が異なり，楔前部は後者のグループに属する単語が提示されたときにより活性化しました。それに対して，前者のグループに属する単語が提示されたときにより活性化したのは，**紡錘状回**（fusiform gyrus），運動前野，前帯状皮質でした。したがって，楔前部は純粋な視覚イメージを描く部位ではないということを示唆しています。楔前部は面積が広いので，結合パターンも一様ではありません。楔前部が脳のどの部位と機能的に結合しているかを調べた研究によると，前部が運動感覚統合，中央部が認知統合，後部が視覚統合に関わっている三つのサブエリアに分かれていました。以上より，楔前部はさまざまな情報を統合して新たにイメージを創造する部位であると考えられます。

7.2 マインド・ワンダリング

マインド・ワンダリング（mind wandering）は心がさまよう，つまり意識がなにかに集中していないで，あれこれ移り変わることをいいます。特になにかをしているという意識がない状態のときに起きます。どのくらいの割合でそのような状態になっているのかを調べた研究があって，それによると起きている時間の約半分はマインド・ワンダリングをしているそうです（コーバリス：意識と無意識のあいだ）。一人で勉強のために机に向かっているときでも，実際は頻繁にマインド・ワンダリングしているものです。気がつくとそうしていたというか，ほぼ無意識的にやってしまっています。これは本来やるべきことがおろそかになるのでよくないことのように思いがちですが，悪いことばかりでもないのです。マインド・ワンダリングによって意外なことに気がつくことがあります。時空を超えて自由にさまようことができるのは素晴らしいことです。創造性にもつながるので重要です。

7.3　メンタル・タイムトラベル

メンタル・タイムトラベル（mental time travel）というとまるでSFのようですが，私たちの脳は時間軸上をも自由に行ったり来たりすることができます。過去にさかのぼれば，楽しかったある日の出来事をありありと思い出すことができます。エピソード記憶です。来週のイベントの準備をしているときは，意識は何度も来週に行っています。うまくいくかなとドキドキしたりするので，かなりリアリティーもともなっているようです。そのおかげで，まだ経験していない未来のことに備えることができます。すでに経験してしまった過去のことを頻繁に思い出すことも，あれでよかったかなとか，もっとこうすればよかったと後悔することも多いですが，これもよりよい将来を生きるために助けになることだと思います。自己のアイデンティティーを維持することにも役立っているかもしれません。

興味深いことに，過去の出来事を思い出すときと未来のことに思いを巡らすときとで，脳の中では同じネットワークが活性化されます。つまりどちらも同じメカニズムが働いていると考えられます。ここで再び，第3講で出てきたH.M.さんのことを思い出してください。H.M.さんはてんかん治療のための左右の内側側頭葉を切除する手術によって，エピソード記憶を形成する機能を失いました。その結果，メンタル・タイムトラベルができなくなり，未来のことを想像することもできなくなりました（ハモンド：脳の中の時間旅行）。脳内では過去のことと未来のことを，私たちが普段思っているようには区別していないということは面白いですね。

余談ですが，私が住んでいる家の近くには古墳があって，散歩でそこを通るときに，当時の様子に思いを馳(は)せることがあります。家や電柱はなく，ところどころに当時の住居があり，草木の生えた土地と近くを流れる堤防のない多摩川といった情景が思い浮かびます。そしていまその土地に立っている自分を重ね合わせると不思議な感覚に包まれます。時間の流れはときとして人をロマンチックにすることがあります。人間はメンタル・タイムトラベルが好きなんだと思います。有名な詩人，T・S・エリオットさんの詩にこういうものがあります。

> 現在の時間と過去の時間は
> おそらく共に未来の時間の中に現在し
> 未来の時間はまた過去の時間の中に含まれる。
> （エリオット：四つの四重奏）

7.4　デフォルトモード・ネットワーク

マインド・ワンダリングやメンタル・タイムトラベルの特徴は，意識が内側を向いていることです。授業中に一生懸命先生の話を聞くというのは意識が外側（いま皆さんの場合は，私の講義）に向いています。私たちの意識は内側に向くときと外面に向くときがあって，頻繁に切り替えています。両方同時に向けることはできません。授業中だから外側に，休み時間は内側に切り替えるというのでもありません。たとえ授業中でも頻繁に切り替えています。しかも切り替えているという意識すらないことがほとんどです。しかし，このようなダイナミックに切り替える脳の使い方を取り上げた研究は，比較的最近までそれほどありませんでした。

ところが脳の理解が大きく変わる論文が出版されました。2001年のことでした（Raichle et al. 2001）。アメリカ合衆国ミズーリ州セントルイスにあるワシントン大学のレイクル教授の研究室による研究です。これまでは，脳は安静時にこれといった活動をせず，弱い雑音のようなものを出しているだけと思われていたのですが，休んでいるはずの脳が広範囲で活動していたのです。そして，この安静時に活動するネットワークは**デフォルトモード・ネットワーク**（default mode network）と名づけられました。特になにかをしているわけではないときに活動するネットワークなのでこのような名前がつきましたが，その後の研究で，なにもしていないのではなくて，意識を内側に向けているときにせっせと働いていることがわかってきました（コーバリス：意識と無意識のあいだ）。

このネットワークは内側前頭前野，楔前部，**角回**（かくかい）（angular gyrus）で構成されるネットワークです（**図7.1**）。内側前頭前野はおもに自己に関する情報処理を担います。角回は他者の心理を理解するはたらきを持っています。楔前部はすでに説明したように，イメージの構成などに関わっています。大まかですが，デフォルトモード・ネットワークは内側前頭前野の「自己」，角回の「他者」，楔前部の「イメージ」が統合されるネットワークです。内側前頭野と楔前部は脳の内側にあります。瞑想（めいそう）をしているときにこの内側のラインのネットワーク結合が強くなることが最近の研究でわかりました。内側前頭前野と楔前部は「自己」と

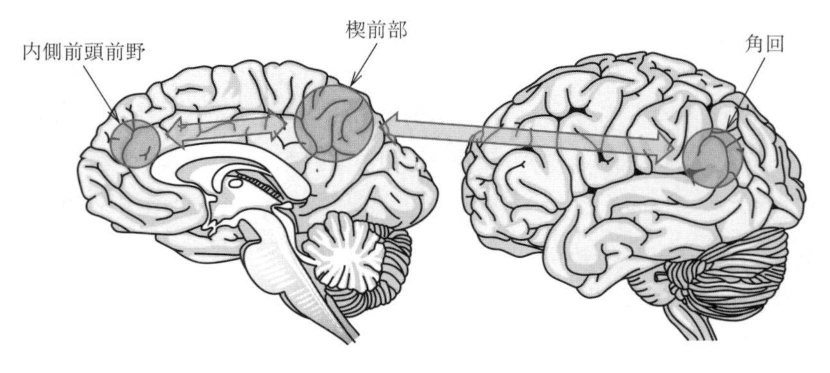

図7.1　デフォルトモード・ネットワーク

「イメージ」なので，瞑想によって意識を内側（自己）に集中させていることと，そのときにイメージが重要な役割を果たすことが示された興味深い結果です。

♪：先生，意識が内側に向くというのがよくわからないのですが…

◇：いま私の話を一生懸命聞いているのは意識が外側に向いている状態です。聞いているようでなにかほかのことを考えているときってありますよね。そのときは意識が内側に向いています。ぼーっとしているように他人からは見えますが，内面でいろいろなことを考えているので，外に注意が向かないだけです。人は起きている時間の約半分は意識が内側に向いているそうですが，私自身はもっと多い気がします（笑）。

♪：夢見がちの人っていますよね（笑）。

◇：はい。よいことです（笑）。

♪：演奏には具体的なイメージを描くことが大事なので，音楽家の脳がどうなっているか気になります。

◇：私も音楽脳研究を始めたときからそのことがずっと気になっていたので，音大生と一般大生とで脳のイメージ構築に関わる機能的ネットワークがどのように異なるのかを調べました。詳しくは次講でお話しします。

♪：私にはネットワークの話は十分に理解するのが難しいのですが，イメージが感情をともなうという話はよくわかりますし，とても興味深いです。これに関して一つ疑問がわいたのですが，イメージが得意な人とそうでない人がいるように思います。すると感情がわくと一言でいっても，内容は別にしても，その強さにも個人差があるということになりませんか？

◇：そうです。一つ極端な例として，第5講（5.1節）でもお話しした失感情症という性格特性があります。これは自分の感情を表現するのが苦手とか，他者の感情に気づきにくいというのが特徴です。内省をするのが苦手だともいわれています。そのような人の脳のネットワークを調べた研究では，デフォルトモード・ネットワークが弱いという結果が出ています。したがって，イメージをつくることも苦手だと考えられます。

♪：そうなんですね。ということは，デフォルトモード・ネットワークが発達している人はイメージをつくるのが得意だし，感情も豊かだといえませんか？

◇：そうでしょうね。

7.5 審美性

脳科学には審美性を脳のどこでどのように感じるかということを研究する学問分野があり，**神経美学**（neuroaesthetics）と呼ばれています。人がなにに美を感じるかは主観的なものですが，脳科学である神経美学は美を感じているときの脳活動を調べて，美を感じるメカニズムを明らかにすることを目的にしています。音楽でも絵画でも，美を感じているときに共通に活動する脳部位があります。そのうちの一つは**内側眼窩前頭皮質**（medial orbitofrontal cortex）です（石津：神経美学）。これは以前にも出てきた報酬系の脳部位です。視覚的な美を感じているときや聴覚的な美を感じているときでも活動するので，美しさそのものが報酬になっていることを意味していると考えられます。

報酬系のほかにデフォルトモード・ネットワークが関わっていることを示唆する研究もあります。美を感じることにデフォルトモード・ネットワークが関わっていることの理由はいくつか考えられます。デフォルトモード・ネットワークはエピソード記憶や内観に関連して活動し，さまざまな情報を統合する機能によって，パーソナルな経験が美と結び付きます。デフォルトモード・ネットワークは好みの曲を聴くとき（Reybrouck, Vuust, and Brattico 2018）あるいは悲しい曲を聴くとき（Taruffi et al. 2017）に強まるという研究結果が報告されています。

7.6　音楽は脳でつくられる

音楽が音であることは明らかですが，さまざまな音の中で生活している私たちは，音楽をほかの音とは違う特別なものとして聴きます（谷口：音は心の中で音楽になる)。その美しさにうっとりしたり，感動のあまり涙がこぼれることもあります。どうして音楽がこれほどまでに人の心を打つのかという疑問は，現在でもさまざまな分野の専門家たちが探求している奥深い研究テーマです(山田，西口：音楽はなぜ心に響くのか)。その答えを知りたいと思って音楽を音響学的に分析しても，これが感動の理由だといえる音響学的特性はたぶん見つからないでしょう。感動の理由は私たちの脳にあると考えられます。すなわち，私たちの脳が音楽を聴いて，感動するメカニズムを備えているのです。

脳画像研究によって，音楽鑑賞時は聴覚野以外にもいろいろな部位が活動することが明らかにされました。このことは音楽が聴覚だけの芸術ではないことを意味しています。聴覚以外の感覚，認知，記憶，運動機能などさまざまな機能を総動員して聴いています。なかでも記憶やイメージの役割は大きいと思います。脳が統合的な情報処理をする過程で「音楽」をつくり出しているということができると思います。音楽家の皆さんの素晴らしい演奏が音楽をつくることはいうまでもありませんが，聴く人の脳内でそれがどう処理されるかはそれに勝るとも劣らない重要なファクターです。演奏者の脳と演奏を聴く人の脳で音楽がつくられ芸術になるといっても過言ではないでしょう。

7.7　失音楽症

言語の世界に**失語症**（aphasia）があるように，音楽に関しては**失音楽症**(amusia）という障害があります（川畑，森：情動と言語・芸術)。失音楽症というのは，音楽を聴いても音楽として認識できない，つまり単なる音として聞こえるのみという症状です。聴覚は正常ですが，ショパンのピアノ曲を聴いても,ポロン・ポロン…というピアノの音がただ聞こえるだけ。想像できますか。もちろん美しさや感動は生まれません。失音楽症は脳の機能に原因があるのです。後天性失音楽症の患者さんの脳を調べると，前頭葉，頭頂葉，側頭葉の広範囲に病巣が見られます。

失音楽症の脳を研究することは，音楽が脳のどこでつくられるかを知る手掛かりになります。なかでも一番興味深いのは純粋失音楽症の脳です。失音楽症は失語や記憶障害などの症状をともなうことが多いのですが，純粋失音楽症は音楽能力だけが失われるのです。例えば，プロの歌手が歌えなくなったり，音楽愛好家が音楽を聴いても全部同じ音に聞こえたり，歌が叫び声のように聞こえるなどです。こちらの本に詳しく書かれています（川畑，森：情動と言語・芸術)。この本の第 4 章の執筆者の佐藤先生によると純粋失音楽症の脳の画像検査例は少なく，明らかな純粋失音楽症と思われる 8 例の障害部位を重ね合わせると，右側頭葉後部から島後部，側頭頭頂接合部の皮質・皮質下を含んでいます。言語能力とは異なって左右差は弱く，わずかに右半球優位性が認められる程度です。これらの部位は左半球では言語ネットワークと呼ばれているものです。左右に同様のネットワークがあると考えれば，そのネットワークを音楽はやや右半球に比重をおいて使っているということができそうです。

失音楽症の話を聞いてもなかなか想像しにくいですね。脳神経科医で『音楽嗜好症』の著者であるサックス先生もほとんど想像できないと思われていたそうですが，あるとき自分で経験することになったそうです。車を運転しながらラジオでショパンのバラードを聴いていたら，途中で音楽が奇妙に変質したというのです。美しいピアノの音が高さと特性を失い，2，3 分のうちに不快な金属性の反響をともなう単調な騒音に変わったそうです。メロディーは全然感じられなくなったけれど，リズム感は残り，数分後に正常な音調が戻ったとのことです。わけがわからなかったので,家に帰った後ラジオ局に電話をかけて，なにかの実験かジョークかと尋ねたら，もちろんそうではないといわれて，ラジオを点検してもらうことを勧められたそうです（笑)。

— 第 7 講を終えての Q&A —

♪：神経美学という学問があるとは知りませんでした。

◇：私が学生だった頃に「思い出は美しすぎて」（作詞・作曲：八神純子）という歌謡曲がヒットしました。「思い出は美しすぎて，それは哀しいほどに…」という歌詞が含まれています。過去の記憶が美しくなるのは脳の作用だと思いますが，いくつものカテゴリーがある記憶の中で，美しくなるのはエピソード記憶だけです。

♪：なるほど，面白いですね。

◇：人はよいことをよく覚えていて，嫌なことは忘れる傾向があります。年とともにエピソード記憶は自分の中で少しずつ変化していきます。

♪：確かに二度と戻ることのない過去を私たちは美しく思い出しますね。少しセンチにもなりますし。

◇：二度と戻らない哀しさとともに，二度と同じ経験をしなくてもよいという安堵（あんど）感もあります。

♪：なるほど！

◇：なので安心して美しさを感じていられる。美しいものは報酬系にも働いて喜びを感じます。

♪：本当ですね。目からうろこが落ちました（笑）。

♪：先ほどのメンタル・タイムトラベルでもそうでしたが，美を感じるときもデフォルトモード・ネットワークが関わっているんですね。

◇：そうなんです。それはなにを意味すると思いますか？

♪：えーっと，なんだろう。イメージですか？

◇：そうですね。それとエピソード記憶も関係していると思いませんか？

♪：はい，そう思います。

◇：思い出は美しすぎて…

♪：ですね。

♪：失音楽症の話もとても興味深いです。

◇：先ほど挙げた本（川畑，森：情動と言語・芸術）にはほかにも興味深い症例が紹介されています。例えば，音楽性幻覚といって，実際は聞こえていないはずなのに音楽が聞こえるとか，同じ曲がエンドレスに聞こえるなどです。

♪：私もときどきあります。

◇：珍しい例としては，歌唱てんかんといって，楽譜が読めず，普段は階名で歌えない人が，てんかん発作時には熟知したメロディーを階名で歌うことができたという症例を報告されています。

♪：それは不思議ですね。

◇：この本の分担執筆者の佐藤先生はこの方を診察されて，昔階名で習ったけれどそれを忘れていたのではないか，それが発作時に想起されたのかもしれない，あるいは人間の脳には無意識に音を階名に変換する認知機能を備えているのではないか，と考察されています。

♪：ちょっとにわかには信じがたい話ですが…

◇：驚きついでに，失音楽症ではありませんが，ウィリアムズ症候群の患者の例を一つ。音楽が大好きな少年で，クラリネットを上手に吹くことができるのですが，目と手の動きを協調させるのが難しく，お母さんに手伝ってもらわないと服のボタンをはめることができないというのです（レヴィティン：音楽好きな脳）。

♪：それでどうしてクラリネットが上手に吹けるのでしょう！

第 8 講

音楽家の脳

♪：私たち音楽家の脳にはなにか特徴がありますか？

◇：はい。音楽家として活躍されている方は，これまでに長い年月とエネルギーを注いでこられたことと思います。脳には変化する性質すなわち可塑性があるので，日々の努力は脳を少しずつ変えていきます。音楽家の皆さんの脳には長年の努力の結果が刻まれています。

♪：どんな特徴があるのか知りたいです。

◇：わかりました。いくつかご紹介します。まだ研究されていないこともたくさんあるので，これからお話しすることがすべてではありません。今後も多くの発見があると思います。

脳のある部分をよく使うとその部分の局所的な体積が変化します。そのような変化を定量化する方法として，**VBM**（voxel-based morphometry）と呼ばれる解析手法がよく使われます。これは以前に説明したMRI画像データを用います。初めに私の研究室で行ったVBM解析の結果をお話しします（Sato, Kirino, and Tanaka 2015）。音大生23名と一般大生32名の脳を比較して，局所体積に統計的有意差が認められる部位を調べました。統計的有意差というのは，音大生の平均値と一般大生の平均値に（個人差ではなくて）集団としての統計的な差があるかどうかをt検定と呼ばれる統計学的な分析（石村：入門はじめての統計解析）をした結果，明らかな差が認められたという意味です。大脳皮質で有意差があった部位は後頭葉（視覚野），上頭頂小葉，**下前頭回**（かぜんとうかい）（inferior frontal gyrus）などで，すべて音大生のほうが一般大生より大きいという結果が得られました。念のため脳全体の大きさも比較しましたが，音大生と一般大生の間に平均的な脳の大きさに統計的な違いはありませんでした。すなわち，音楽のトレーニングを受けた結果として音大生の脳が大きくなるとか小さくなるということはありませんが，音楽のためによく使っている部位の体積が局所的に変化することを意味します。

8.1.1　心の目で見る

音大生の脳でまず目につくのが，高次視覚野の局所体積が一般大生より大きかったことです。意外性がありますが，音楽と視覚の関連性はこれまでも指摘されています。例えば，音楽を聴いて脳の活動部位を調べるfMRI実験で，和声によって視覚野が活性化されることが報告されています（Schmithorst and Holland 2003）。しかも，その活動度は音楽家のほうが非音楽家より高いです。したがって，音楽トレーニングによって音楽と視覚の親和性が高まったと考えるのが妥当でしょう。また，感情表現をともなうピアノ演奏を聴いているときに高次視覚野が活性化することや（Chapin et al. 2010），音楽を聴いて感情判断をする課題で楔前部（7.1 節参照）が活性化されたことが報告されています（Tabei 2015）。後に述べるイメージ演奏実験の結果でも，高次視覚野が演奏プランニングをしていると考えられる補足運動野との機能的結合を強めていて，盛んに情報のやりとりをしていることをうかがわせます。実験は目を閉じて行ったので，この場合の視覚情報は心に描いた視覚イメージです。これらの結果は音楽における視覚イメージの重要性を示唆しています。

8.1.2 音楽のシンタックス

下前頭回は前頭前野の下部にあり，シンタックス（統語）の処理などに関わることが知られています（ケルシュ：音楽と脳科学）。左脳の下前頭回は言語処理によって活性化される**ブローカ野**（Broca's area）を含んでいます。私たちの実験で，音大生は一般大生と比べて下前頭回が大きく，しかもその差は右脳のほうが大きいことが示されました。右脳の下前頭回が発達していることは興味深いです。おそらく音楽の統語処理を行う部位であると考えられます（ケルシュ：音楽と脳科学）。もしそうであれば，音楽の統語処理はおもに脳の右半球で行われるということになり，言語の統語処理の半球優位性と対照的になります。実際，音楽の統語処理の右半球優位性は，fMRI や脳波を用いた機能性の研究でも多数報告されています。しかし，言語であっても，感情表現によって変化するプロソディー（発話における抑揚やリズムなど）は右半球優位性を示しているので，言語は左，音楽は右というような単純な理解は正しくないので注意してください。左右差は言語か音楽かという区別ではなく，扱う情報処理の特性によるものと考えるのが妥当のようです。

8.1.3 楽器の演奏

頭頂葉で音大生のほうが一般大生より有意に大きかったのは上頭頂小葉と呼ばれる部位です。やはり右半球で顕著でした。この部位は一般に空間情報を処理する部位として知られていますが，音楽に関しては，楽器の演奏やメロディーとの関連を示唆する研究結果が報告されています（Stewart 2005；Zatorre, Halpern, and Bouffard 2010）。頭頂葉は前頭葉との結び付きで，**前頭頭頂ネットワーク**（frontoparietal network）を築いています。このネットワークはワーキングメモリーや中枢実行系のネットワークとして，さまざまな行動の制御を担っています。演奏も例外ではないようです。

ところで，大脳皮質の局所体積で有意差があったものはすべて音大生のほうが一般大生より大きいという結果でした。**図 8.1** をご覧ください。この図は代表的な九つの脳部位の局所体積の違いを表示したグラフです。それぞれ 3 本の棒グラフで表示されているのは，一般大生を学校以外で音楽を習っていないグループ（NM）と，音楽サークルなどに入って趣味で音楽をしているグループ（MH）に分けて，それと音大生のグループ（ME）の，全部で三つのグループで比較したためです（縦の線分はデータのばらつき具合を示しています）。縦

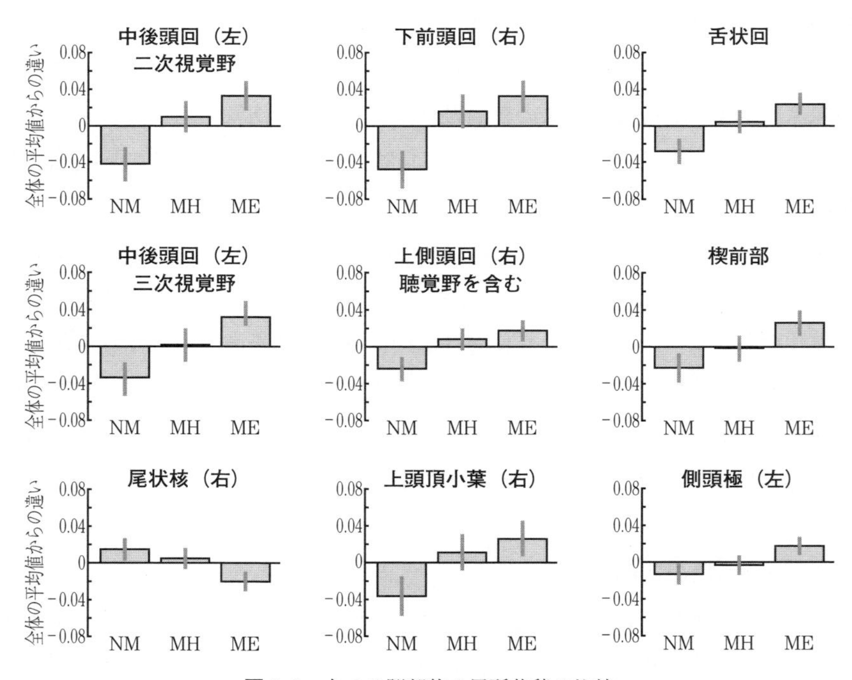

図 8.1　九つの脳部位の局所体積の比較

軸は全体の平均値からの違いを表示しています（したがって，平均値は0になっています）。プラスの値は平均値より大きいことを意味します。これを見ると，音楽を習っていないグループ，趣味で音楽をしているグループ，そして音大生の順に大きくなっていることがわかります。ただし，よく見ると図8.1左下の**尾状核**（caudate nucleus）だけが，この傾向が逆になっていることがわかります。そう，音大生が一番小さい部位があったのです。尾状核は大脳皮質ではなくて，大脳基底核にある部位です。この結果に関しては以下で説明します。

8.1.4 演奏スキルのネットワーク

これまで大脳皮質の局所体積の違いについて述べてきましたが，皮質下の大脳基底核では逆に音大生のほうが小さくなっている部位がありました。大脳基底核の**線条体**（striatum）の一部である尾状核で，スキルのネットワークを構成する主要部位です。3.7節「手続き記憶（スキルの記憶）」でお話ししたことを思い出してください。このネットワークはスキル全般に関わっていますが，音楽の場合はもちろん演奏スキルのことです。

この発見に関しては，面白い研究の経緯があります。まず2010年にバレエダンサーの脳を調べた研究論文が発表されました（Hänggi et al. 2010）。それによると，バレエダンサーの線条体の局所体積がダンサーでない人と比べて明らかに減少していたというのです。この結果はこの論文を書いた著者たちにとっても驚きだったようです。なぜなら，頭のてっぺんからつま先まで全身に意識を行きわたらせて，高い精度で体の動きをコントロールするスキルを身に付けているバレエダンサーは，立派に発達したスキルのネットワークを持っているだろうと予想したからです。この研究に興味を持った別の研究グループが，今度はピアニストの脳を調べたところ，やはり同じ部位がピアニストでない人の脳に比べて明らかに小さくなっていました（James et al. 2014）。ピアニストの手指や腕の動きも，洗練されたバレエダンサーの体の動きと同様の運動性スキルによるものです。ちょうどその頃，私たちも音大生と一般大生の脳の比較研究をしていたので，解析したところ，音大生の線条体が一般大生より小さかったのです（Sato et al. 2015）。私たちの研究では，被験者の音大生はピアノ，ヴァイオリン，チェロ，クラリネットなどさまざまな楽器を専攻していて，特定の楽器は指定していませんでした。したがって，特定の楽器奏者の特徴を表していたわけではありません。この一連の研究によって，バレエダンサー，ピアニスト，音大生に共通して，線条体の局所体積が減少していることが示されました。

8.2　ネットワーク

その後，私たちは線条体の機能的ネットワークを解析し，音大生がスリムなネットワークを持っていることを初めて示しました（Tanaka and Kirino 2016a）。スリムになっている理由は，長期にわたる音楽トレーニングによって刈り込まれたためであると解釈しています。これを**刈り込み**（pruning）といいます。盆栽の剪定（せんてい）のようなものです。トレーニングによって無駄なつながりがなくなり，演奏に適した効率のよいネットワークになったのだろうと推測されます。脳のネットワークとは，ニューロン（神経細胞）間のつながりの集合体ですが，よく使われるとつながりは強化され，あまり使わないと弱くなります（シナプス可塑性）。この基本原理によって，一人一人が自分の脳の使い方に適したネットワークを発達させていくことができるのです。

機能的ネットワークを調べる方法として，安静状態の fMRI データを撮り，そのデータから機能的ネットワークを抽出する方法がよく用いられます。私たちの研究でもこの方法を用いています。説明の順序が逆になりましたが，上述の線条体の機能的ネットワークの解析もこの方法を用いました。ネットワークを研究する理由は，脳内情報処理がそれぞれの脳部位で個別に行われるというよりは，複数の脳部位が協調して行うという基本的な考え方に基づいています。すると脳部位間の関係が重要な意味を持つことになります。ネットワークはその関係を反映するので研究者は注目するわけです。

演奏を考えると，音楽家の方は聴覚野と運動野の結び付きが強いと誰もが予想すると思います。実際そのようです。いくつも研究報告があります。さらに私たちの研究では，聴覚野と運動野は**頭頂弁蓋**（べんがい）（parietal operculum）を介しての機能的結合が音大生で強化されているという結果が得られました（Tanaka and Kirino 2018）。聴覚野と運動野の結び付きではなくて頭頂弁蓋を介する結び付きが強化されていることの意味は，以下のように，その前に行った研究結果と合わせて考えるとよく理解できます。

以前の私たちの研究で，頭頂弁蓋は心的イメージ構築の主要部位である楔前部との機能的結合が，一般大生と比べて音大生が有意に強かったという結果を得ていました（Tanaka and Kirino 2016b）。頭頂弁蓋は運動野との結合がもともと強いです。運動野は演奏のための運動制御に不可欠です。したがって，これらの結果は，音と運動（演奏）が心的イメージを介してつながっていることを反映していると考えられます。つまり，音大生の脳では心的イメージが演奏に影響を与える重要な神経回路が強化されていることを意味します。さらに，聴覚と心的イメージの結び付きも，音大生のほうが一般大生より強いことが示されました。音大生のほうが聴覚野と楔前部間の機能的結合が強かったのです（Tanaka and Kirino 2016b, 2017b）。以上から，音楽家の脳における，音と心的イメージを演奏に結び付けるネットワークの発達がわかります。楔前部と**図 8.2** に示す各部位をつなぐネットワークは，イメージを演奏に翻訳するネットワークといえるかもしれません。

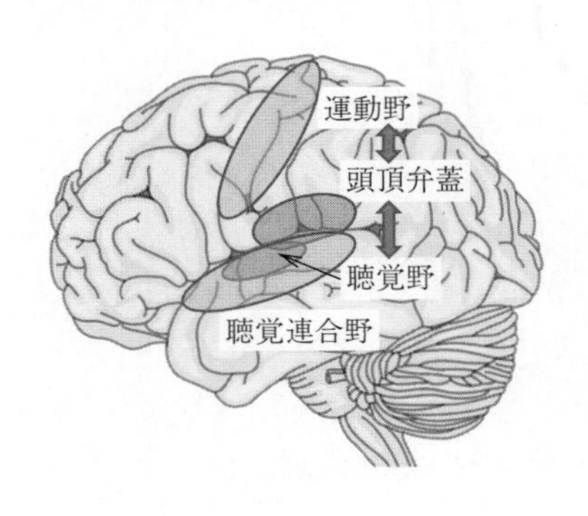

図 8.2　運動野，頭頂弁蓋，聴覚野，聴覚連合野

心にイメージを描く部位と運動野がつながっていることはとても重要な意味を持つと私は考えています。想像したことが行動となって出力される脳内経路だからです。思いを人に伝えるときに必要になります。言語の起源にも関係しているかもしれません。

イメージというと視覚的なものが多いと思いますが，聴覚野との直接的なつながりはあるのでしょうか。それを知りたくて拡散 MRI という手法で調べた例があります（田中：音楽家の脳を視る）。拡散 MRI というのは MRI 装置を用いて構造的な神経ネットワークの形状を画像化する技術です。脳内の実際の神経ネットワークを推測して可視化することができるので，脳の中が透けて見えるようなわかりやすさが特徴です。詳しい説明は省略して，結果を見てください（**図 8.3**）。これはヴァイオリン専攻の音大生だった女性の楔前部と聴覚野を結ぶ神経線維だけを可視化したものです。楔前部と左右の聴覚野がつながっていることがわかります。一般大生の場合はあまりつながっていないか，左右どちらかがつながっている例が多く見られました。その中で興味深かったのは，私の研究室にいた留学生で，左の聴覚野と楔前部とのつながりがとても強く，右側は極端に少なかった例です。彼は 4 か国語を流暢に話しますが，単語の発

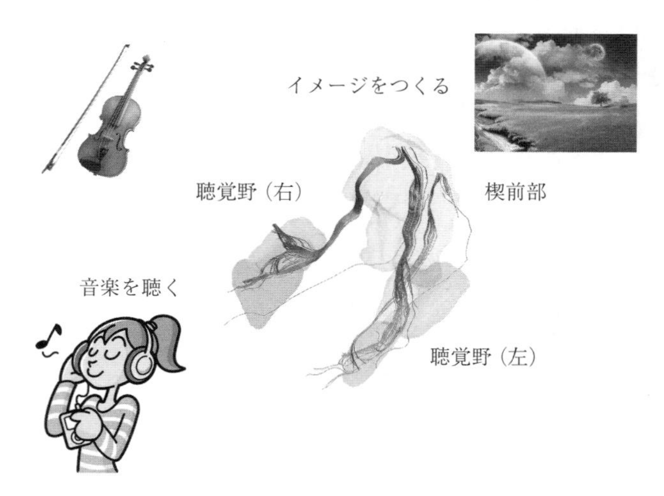

図 8.3　楔前部と左右の聴覚野を結ぶ神経線維

音とイメージ（意味）をリンクさせることで短期間に外国語を習得したと話してくれました。

8.3　絶対音感

私たちの音楽脳研究のはじまりは，音大生の脳をMRIで調べることでした。始めたころの実験に協力してくださったのは桐朋学園大学の器楽専攻の学生さんたちでした。MRI装置は大きな騒音を出すことが欠点です。私にとってはただの騒音ですが，MRI装置に入った学生は，あれはなんの音に似ていたとか，機械に包まれた不思議な感覚を味わったとか，それなりに楽しんでいたようです。MRI装置は取得するデータの種類によって運転モードを変えるので，音も変わります。MRIセッションが終わって，脳の活動を調べるためのfMRIセッションが始まると音が高くなります。このとき待合室で実験の順番を待っている学生さんに聞くと全員がレ♯だと答えます。それ以外の音名を答えた学生はいませんでした。そこでいつしか，実験内容の説明を事前にするときは，音が替わってレ♯になったらfMRIセッションになりますと，音大生や音楽家に説明するようになっていました。余談ですが，MRI装置によっても音は違うし，実験パラメターによっても変わるので，レ♯というのはたまたま私たちが使っていた装置の，ある条件での音高です。別の実験に参加されたら別の高さの音が聞こえると思います。

前置きが長くなりましたが，すべての音高について，ほかの音高と比較することなしに，その音名を即座に答える能力を**絶対音感**（absolute pitch）といいます。絶対音感を持たなくても，長年の音楽トレーニングによって絶対音感なみの音感を持つ人もいるそうです。このあたりは皆さんのほうが詳しいと思いますが，私が教えている上智大学の学生の中にも絶対音感があるという学生にときどき出合います。聞くと，みなさん幼少期から音楽を聴く環境にいたと答えます。絶対音感の獲得に**臨界期**（critical period）があるという話と合致します。臨界期というのは，脳の可塑性が特に高まる発達段階の一時期のことです。いくつかの研究から，絶対音感の臨界期は6歳くらいまでと推定されています。音大生は絶対音感保持者の割合が高いです。しかし，絶対音感の必要性は立場で異なるというか，役に立つときと邪魔になるときがあるようです。最相葉月さんが書かれた『絶対音感』という有名な本には，絶対音感を持つ声楽のピアノ伴奏者の方が本番で要求された移調に失敗して，友情が終わったというエピソードが紹介されています。ところで，日本の音大では半数以上が絶対音感保持者であるのに対して，欧米の，たとえばポーランドのショパン音楽大学では10％未満しかいないことはなにを意味しているのでしょうか（宮崎：絶対音感神話）。

絶対音感の脳科学的研究としては，一つには聴覚野の大きさに違いがあるという研究報告があります。どの研究も，絶対音感保持者のほうがそうでない人に比べて大きいという結果を得ています。聴覚野が大きいということは，その部位に含まれるニューロンが多いことを意味しますので，音の分析の精度も上がるのでしょう。絶対音感を持つ人は，聴覚野の大きさだけではなくて，聴覚系のネットワークが発達していることも示されました（Loui, Zamm, and Schlaug 2012）。聴覚野は**上側頭回**（superior temporal gyrus）にありますが，上側頭回の前部には音楽との関わりが強い部位があります。それに関して新たな研究の進展がありました。絶対音感を持つ音楽家のグループと持たない音楽家のグループとで比較した研究で，この脳部位の**ミエリン鞘**（しょう）（myelin sheath）（図1.1参照）の発達が確認されました（Kim and Knösche 2016）。ミエリン鞘はニューロンの電気信号の伝達を高速化するはたらきをするものです。この研究結果は興味深いです。というのもその数年前に，ミエリン鞘を発達させる薬valproateを使うと，限られた音ではありますが絶対音感的な音の記憶が大人の脳で形成されることを示す実験があったからです（Gervain et al. 2013）。臨界期が過ぎても絶対音感の獲得は原理的に可能であることを示しています。

8.4 音楽家のワーキングメモリー

私たちは起きて行動している限りワーキングメモリーを使っています。その中でも演奏は使うワーキングメモリーの負荷が非常に高いと思います。暗譜して演奏する場合はもちろんですが，そうでない場合でも，ここはこのように弾こうということが練習を重ねるにつれて増えていくと思います。直前のリハーサルでこうしようと決めることもあれば，本番が始まってから変えることもあるでしょう。演奏には楽譜に書かれていないことも数多くあり，楽譜にメモしても本番の演奏中にメモを読みながら演奏するわけではないので，多くのことをいったん頭に蓄えて演奏に臨まざるをえません。これが演奏のワーキングメモリーです。状況の変化に臨機応変に対応できるところがワーキングメモリーのよい点ですが，同時にワーキングメモリーは容量がとても小さくて壊れやすいので，演奏家にとってはたいへんです。それとも演奏家は一般の人とは違うワーキングメモリーを持っているのでしょうか。

音楽家と非音楽家との間でワーキングメモリーの機能に差があるかどうかを調べた研究によれば，音楽家はワーキングメモリーの機能が全般的に高いようです（Talamini et al. 2017）。記憶テストは多種多様です。当然のことながら音楽の課題では非音楽家との差は大きいですが，音楽以外の一般的な課題でも統計的有意差が出ています。演奏練習によってワーキングメモリーの機能が向上したというのが素直な解釈でしょうが，もともとワーキングメモリーの機能が高い人が音楽家になれたという可能性も否定はできません。「生まれか育ちか」の問題はいつもついてまわります。参考までに，ワーキングメモリー以外の記憶についてはどうかというと，音楽家のほうが長期記憶のスコアが高かったという多くの研究報告がある一方で，差がなかったという報告も複数出ています（Talamini et al. 2017）。全般的にワーキングメモリーよりは差が小さいようです。しかしどのようなカテゴリーの記憶であっても，音楽家が非音楽家より機能が低かったという論文は見たことがありません。

8.5　音楽家の視覚

8.1節「構造的な特徴」のところで（心の目で見る），音大生の高次視覚野の局所体積が一般大生より大きかったという研究結果を説明しました。音楽は視覚芸術ではないので，視覚は音楽には直接関係ないように思うかもしれませんが，音楽家の脳を研究していると，音楽家の視覚野が発達していることを示唆する結果によく出合います。機能の点でわかりやすい例では，音楽家の空間視覚が優れているという研究論文があります（Weiss et al. 2014)。この研究は記憶認知課題を用いていて，音楽家はワーキングメモリーが優れているからだと著者たちは述べています。もう一つ注目すべき特徴は，音楽家の反応の速さです。視覚注意課題を使った実験でも視覚ワーキングメモリー課題を使った実験でも，音楽家のほうが非音楽家と比べて反応時間が短いです（Rodrigues, Loureiro, and Caramelli 2013, 2014)。これは音楽家が視覚性の注意能力が高いことを意味します。日頃，音楽家や音大生を見ていて，私もそれを実感することがあります。

音楽家の視覚野が発達していることは，音楽以外の課題でも確認されました(Huang et al. 2010)。彼らが行った実験は言語記憶想起実験と呼ばれ，20個の単語（中国語）を音声で提示し，できるだけたくさん記憶するように指示が与えられるものです。つぎのセッションでできるだけたくさん想起します。被験者は女性の音楽家と非音楽家でした。想起ブロックで音楽家のほうが高い活動度を示した部位は**舌状回**（ぜつじょうかい）(lingual gyrus)，**中後頭回**（middle occipital gyrus)，下前頭回，扁桃体，中前頭回（middle frontal gyrus）でした。最初の三つは，私たちの研究で音大生のほうが一般大生より体積が大きかった部位です(Sato et al. 2015)。この一致は，音楽トレーニングによって発達した部位を音楽以外の機能にも使っていることを示唆していて興味深いところです。

ほかにもこの実験結果で興味深いのは，単語の音声提示なので視覚情報は使っていないのにもかかわらず，音楽家は高次視覚野を活性化させていた点です。これは音楽家が，活性化した高次視覚野を視覚情報処理以外にも使っている可能性を示唆します。結果は左半球優位性を示していましたが，これは私の研究室の VBM（Sato et al. 2015）の結果（つまり体積が大きかった部位が左半球優位であったこと）と一貫性があります。おそらくこれに最も関連していると思われる研究は，言葉を聞いてイメージをつくるときに高次視覚野が左半球優位で活性化することを示した実験です（D'Esposito et al. 1997）。これらの研究結果は，音楽トレーニングは非視覚情報から視覚イメージをつくることも鍛えていることを示唆しています。

8.6 イメージ演奏実験

視覚イメージは演奏時に重要な役割を果たすことが推測されます。演奏時は視覚イメージのほかに聴覚イメージや運動イメージなども使い，脳の中で統合された心的イメージがつくられると考えられますが，その実態を見ることはできるでしょうか。実際に演奏をしているときの脳活動を調べることは実験的に容易ではありません。計測装置が動きの妨げになるのです。代表的な脳イメージング装置である MRI 装置は不動であることが要求されるうえに，装置がけたたましい騒音を出す中での実験になります。装置が強い磁場を発生するので，楽器を持ち込むこともできません。

そこで私たちは MRI 装置の中でも行える実験として，「イメージ演奏実験」を行うことにしました。音大生や音楽家の方に MRI 装置の中に入っていただいて，心の中で曲の演奏をしていただく実験です。そのときの脳の画像データを撮るわけですが，体を動かすことはできません。したがって，被験者は体を動かさないようにして，しかも仰向けに寝た状態で脳の中だけで演奏する必要があります。できる限りリアルに演奏のシミュレーションをしてくださいとお願いしますが，やってみないことにはわかりません。やってみると，皆さんはかなり本番に近い演奏のシミュレーションができたとおっしゃいます。心の中で演奏をしていただいているときの脳活動を調べるためには fMRI データが必要です。MRI 装置のオペレーションをあらかじめプログラムしておいて，一度に複数種類のデータをとりますが，fMRI データもその中の一つです。実験後にそのデータを解析して，脳内の機能的ネットワークが安静時と比べてどのように変化したかを詳細に調べます。イメージ演奏実験にはメリットがあります。実際の（動きをともなう）演奏を行わないので，脳は運動出力を行いません。したがって，（出力を含まない）演奏のための脳内プロセスを捉えることが期待できます。

イメージ演奏によって顕著な変化を示したネットワークの一つとして，イメージ演奏時に補足運動野の機能的ネットワークが強化されていたことを示す結果が得られました（Tanaka and Kirino 2017a）。補足運動野との機能的結合が強化されていたのは，運動野，体性感覚野，頭頂連合野，側頭連合野，聴覚野，視覚野，下部および**背外側前頭前野**（dorsolateral prefrontal cortex）でした（**図 8.4**）。補足運動野が多くの高次視覚野との結合を高めていることが特徴的です。補足運動野は運動プランニングを司ります。したがって，この結果は，補足運動野が音楽のシンタックス，視覚・聴覚，社会的感情などの情報を

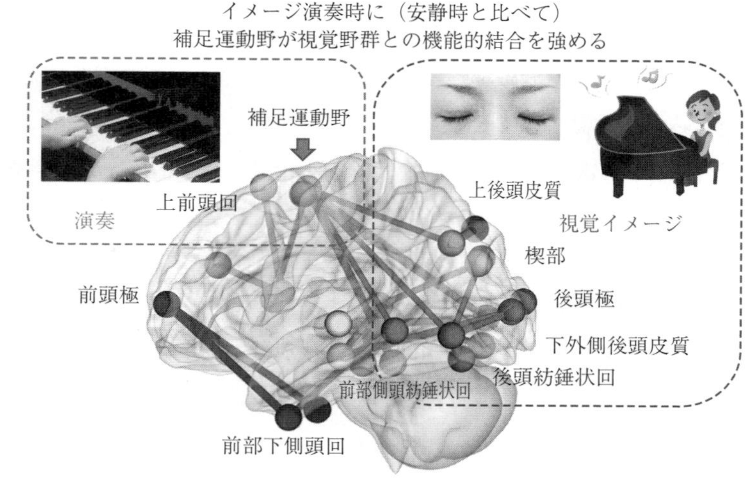

図 8.4　イメージ演奏時に安静時と比べて強化された機能的ネットワーク

統合して演奏プランニングを行っていることを示唆しています（Tanaka and Kirino 2017a）。興味深いのは，補足運動野は運動制御に関する神経活動だけではなくて，聴覚，スピーチ，イメージなどに関わる神経活動も示す点です。これは多くの情報がここで統合されていることを意味しています。

ほかにもイメージ演奏時に結合が強くなるネットワークが見つかりました。前講で出てきたデフォルトモード・ネットワークです（Tanaka and Kirino 2019）。このネットワークはイメージ構築やエピソード記憶の想起などで活性化されるネットワークでしたね。イメージ演奏なので予想できたことでしたが，まだ誰も出したことがない結果だったので，実際に確認できたときは「なるほど」と思ったものです。デフォルトモード・ネットワークが処理する情報はパーソナルな経験に基づくものでもあり，同時に他者の心も理解できる普遍性も備えた，豊かな感情世界の構築を可能にするものでもあるので，芸術にとっても重要だと思います。

8.7　創造性

作曲中の脳内機能ネットワークを調べた研究があります（Lu et al. 2015）。それによると，作曲中の脳内機能ネットワークは脳の正中線（脳が左右に分かれる中心線）上の内側前頭前野と楔前部の結合が強くなり，それ以外は弱くなっていました。安静状態ではネットワークが全体に広がっているのと対照的です。この二つはデフォルトモード・ネットワークの主要部位でした。意識が内側に向いている状態といえそうです。

即興演奏時の脳活動に関しては，珍しい研究としてジャズの即興演奏実験があります。前頭前野の外側にある外側前頭前野や同じく前頭前野の腹側にある**眼窩前頭皮質**（orbitofrontal cortex）の活動が低下したという結果を報告しています（Limb and Braun 2008）。この活動度低下について，彼らは即興演奏中，モニタリングなどのメタ認知的制御が行われないためではないかと解釈しています。しかし内側前頭前野は活動が低下していないので，内的な意識のはたらきが即興演奏時にあると彼らは考えています。私もそう思います。自由に歌詞をつくりながらラップを歌っていく実験というのも行われていて，同様の結果を得ています（Liu et al. 2012）。

作曲や即興演奏に関する脳活動の研究は数が少ないので，とても貴重な実験です。いずれも脳の内側の活動度が上がるという共通の結果は，創造性に関わる脳活動の特徴を表す重要なポイントです。これは意識が内側に向かうことを示していますが，ということは当然ながら，自分のまわりの外側への意識はあまり働かなくなります。即興演奏の場合は演奏をともなうので，このことは意外性があると捉える人もいますが，即興演奏と楽譜に基づく演奏との本質的な違いを表していて興味深いです。以前，私の実験に参加してくれた作曲専攻の音大生にこのことを話しましたが，自分の脳でも即興演奏時に前頭前野の活動が低下することを感じるので納得がいくといっていました。作曲専攻の学生は即興演奏も得意な人が多いのですが，それにしても自分自身の脳活動の変化を感じ取ることができるとは，なんという感受性でしょうか。

― 第8講を終えての Q&A ―

♪：こんなに違いがあるなんて知りませんでした。

◇：実験をしているときは違いが本当に出るのかなと，不安な気持ちを抱きながらやっているのですが，集めたデータを解析していくと結果がはっきり見えてきました。

♪：大学生でも脳に違いが見られるということは，子供のころからのトレーニングの効果が現れているということですね。

◇：はい。とくに器楽専攻の人は始めるのが早い人が多いので，成長の段階で音楽とともに脳がつくられていったといえますよね。

♪：器楽でもピアノとヴァイオリンでは左右の手の使い方がだいぶ違いますが，脳に違いはありますか？

◇：あります。ヴァイオリンは左の指をよく使うので，左の指の運動を制御している大脳皮質の運動野（右脳になります）の面積が少し大きくなっている人が多いです。そのため運動野のしわ（中心溝）が湾曲して逆オメガの形に見えることが知られています。私も以前，実験に参加してくれたヴァイオリン専攻生とピアノ専攻生の脳画像を比較して，その違いを本人たちと一緒に確認したことがあります。

♪：そうなんですね！

◇：ヴァイオリンの名手だったアインシュタインの脳にも認められています（小泉：アインシュタインの逆オメガ)。

♪：私は臨界期というのが気になります。それを過ぎると努力してもだめなのでしょうか？

◇：そんなことはありません。まず臨界期というのは絶対的なものではなくて，臨界期を過ぎても機能が獲得されるなどの例外もよくあります。また，臨界期がはっきりしているのは特定の機能に関してであって，すべての機能にあるわけではありません。絶対音感とか母国語としての言語習得などは臨界期があるというのが通説ですが，演奏や作文能力などのように臨界期がないと思われるものがたくさんあります。とくに総合的な理解や判断能力などは成人後に年齢とともに高まっていく感じがします。

♪：確かにそうですね。

◇：脳活動のパターンを見ても，若い人は少ない領域がシャープに活動する傾向があるのに対して，年齢が高くなると広範囲に活動する傾向が見られます。

♪：なるほど。面白いですね。

♪：音楽家の視覚野が発達しているというのはとても納得できます。例えば楽譜を見ながら指揮も見なければならないオーケストラや合唱などは，プロの奏者は楽譜を目で追いながら，顔を上げることなく，同時に指揮者の動きも視線の中に入れていつも意識しています。オペラでも，相手役に視線を向けながら，いつも目の端っこに指揮者の姿を捉えています。

◇：複数のことに集中している感じですよね。

♪：ワーキングメモリーが，音楽をやることによって発達するのか，発達している人が音楽家になるのか，というお話も面白かったです。いま声楽を教えている中で，やはりワーキングメモリーの大切さを実感しています。 演奏を細かく止めながら色々注意したことを，「ではもう一度最初から歌いましょう。」といったときに，すべて直せる学生，または，いまいわれた注意をほとんど忘れてしまう学生がいます。やはり前者の方がメキメキ上達してくれます。ワーキングメモリーの使い方が苦手な学生は，ついつい集中力ややる気がないように感じてしまいますが，改善する方法もあるのでしょうか？

◇：確かにワーキングメモリーは集中力や，やる気に大きく左右されます。しかしそれも，どのくらい好きかというようなことにもよるので，使い方などを学ぶよりは，好きなことをやるほうが大事かもしれません。

♪：そうですね。演奏家としても，直前のリハーサルで改善した点を本番で再現できないといけないので，ワーキングメモリーの大切さを実感します。

引用・参考文献

〈日本語の文献〉

浅場明莉 著，一戸紀孝 監修（2017）：自己と他者を認識する脳のサーキット，ブレインサイエンス・レクチャー 4，共立出版

アリストテレス 著，三浦　洋 訳（2019）：詩学，光文社文庫，光文社

マルコ・イアコボーニ 著，塩原通緒 訳（2011）：ミラーニューロンの発見―「物まね細胞」が明かす驚きの脳科学―，ハヤカワ文庫 NF，早川書房

デイヴィッド・イーグルマン 著，大田直子 訳（2016）：あなたの知らない脳―意識は傍観者である―，ハヤカワ文庫 NF，早川書房

デイヴィッド・イーグルマン 著，大田直子 訳（2019）：あなたの脳のはなし―神経科学者が解き明かす意識の謎―，ハヤカワ文庫 NF，早川書房

石津智大（2019）：神経美学―美と芸術の脳科学―，共立出版

石村貞夫（2006）：入門はじめての統計解析，東京図書

梅田　聡 編（2014）：共感，岩波講座 コミュニケーションの認知科学 2，岩波書店

ジェラルド・エーデルマン 著，冬樹純子，豊嶋良一，小山　毅，高畑圭輔 訳（2006）：脳は空より広いか，草思社

T・S・エリオット 著，岩崎宗治 訳（2011）：四つの四重奏，岩波文庫

大串健吾，桑野園子，難波精一郎 監修，小川容子，谷口高士，中島祥好，星野悦子，三浦雅展，山崎晃男 編（2020）：音楽知覚認知ハンドブック―音楽の不思議の解明に挑む科学―，北大路書房

アンジェリーク・ファン・オムベルヘン 著，ルイーゼ・ペルディユース 絵，藤井直敬 監修，塩崎香織 訳（2020）：世界一ゆかいな脳科学講義，河出書房新社

マイケル・ガザニガ 著，藤井留美 訳（2014）：〈わたし〉はどこにあるのか―ガザニガ脳科学講義―，紀伊國屋書店

マイケル・ガザニガ 著，小野木明恵 訳（2016）：右脳と左脳を見つけた男，青土社

マイケル・ガザニガ 著，柴田裕之 訳（2018）：人間とはなにか―脳が明かす「人間らしさ」の起源―（上・下），ちくま学芸文庫，筑摩書房

苅部冬紀，高橋　晋，藤山文乃（2019）：大脳基底核―意思と行動の狭間にある神経路―，共立出版

ウィリアム・カルヴィン 著，澤口俊之 訳（1997）：知性はいつ生まれたか，草思社
川畑秀明（2012）：脳は美をどう感じるか―アートの脳科学―，筑摩書房
川畑秀明，森　悦朗 編（2018）：情動と言語・芸術―認知・表現の脳内メカニズム―，朝倉書店
クリスチャン・キーザーズ 著，立木教夫，望月文明 訳（2016）：共感脳―ミラーニューロンの発見と人間本性理解の転換―，麗澤大学出版会
ハロルド・クローアンズ 著，吉田利子 訳（2001）：失語の国のオペラ指揮者―神経科医が明かす脳の不思議な働き―，早川書房
S・ケルシュ 著，佐藤正之 編訳（2016）：音楽と脳科学，北大路書房
源河　亨（2019）：悲しい曲の何が悲しいのか―音楽美学と心の哲学―，慶応義塾大学出版会
小泉英明 編著（2008）：脳科学と芸術，工作舎
小泉英明 著（2014）：アインシュタインの逆オメガ―脳の進化から教育を考える―，文藝春秋
S・M・コスリン，W・L・トンプソン，G・ガニス 著，武田克彦 監訳（2009）：心的イメージとは何か，北大路書房
マイケル・コーバリス 著，鍛原多惠子 訳（2015）：意識と無意識のあいだ―「ぼんやり」したとき脳で起きていること―，ブルーバックス，講談社
子安増生，大平英樹 編（2011）：ミラーニューロンと<心の理論>，新曜社
子安増生，郷式　徹 編（2016）：心の理論，新曜社
エルコノン・ゴールドバーグ 著，池尻由紀子 訳（2007）：脳を支配する前頭葉，ブルーバックス，講談社
ダニエル・ゴールマン 著，土屋京子 訳（1996）：EQ―こころの知能指数―，講談社
ダニエル・ゴールマン 著，土屋京子 訳（2007）：SQ　生きかたの知能指数，日本経済新聞出版
最相葉月（1998）：絶対音感，新潮社
坂井克之（2007）：前頭葉は脳の社長さん？，ブルーバックス，講談社
榊原良太（2017）：感情のコントロールと心の健康，晃洋書房
櫻井　武（2018）：「こころ」はいかにして生まれるのか，ブルーバックス，講談社
オリヴァー・サックス 著，高見幸郎，金沢泰子 訳（2009）：妻を帽子とまちがえた男，ハヤカワ文庫 NF，早川書房
オリヴァー・サックス 著，大田直子 訳（2014）：音楽嗜好症（ミュージコフィリア）―脳神経科医と音楽に憑かれた人々―，ハヤカワ文庫 NF，早川書房

佐藤正之（2006）：失音楽症例からみた音楽の脳内メカニズム，*The Journal of the Acoustical Society of Japan*，62（9），pp.688-693

佐藤正之（2018）：音楽の認知と情動の脳内機構，神経心理学，34（4），pp.274-288

三宮真智子（2008）：メタ認知―学習力を支える高次認知機能―，北大路書房

三宮真智子（2018）：メタ認知で<学ぶ力>を高める―認知心理学が解き明かす効果的学習法―，北大路書房

嶋田総太郎（2017）：認知脳科学，コロナ社

嶋田総太郎（2019）：脳のなかの自己と他者―身体性・社会性の認知脳科学と哲学―，越境する認知科学1，共立出版

清水寛之 編（2009）：メタ記憶―記憶のモニタリングとコントロール―，北大路書房

P・N・ジュスリン，J・A・スロボダ 編，大串健吾，星野悦子，山田真司 監訳（2008）：音楽と感情の心理学，誠信書房

ラリー・スクワイア，エリック・カンデル 著，小西史朗，桐野　豊 監修（2013）：記憶のしくみ（上・下），ブルーバックス，講談社

田中昌司（2019）：音楽家の脳を視る，特集　科学と芸術の接点，生体の科学，70（6），pp.495-499

谷口高士 編（2000）：音は心の中で音楽になる，北大路書房

アントニオ・ダマシオ 著，田中三彦 訳（2005）：感じる脳―情動と感情の脳科学よみがえるスピノザ―，ダイヤモンド社

アントニオ・ダマシオ 著，田中三彦 訳（2010）：デカルトの誤り―情動，理性，人間の脳―，ちくま学芸文庫，筑摩書房

アントニオ・ダマシオ 著，高橋　洋 訳（2019）：進化の意外な順序―感情，意識，創造性と文化の起源―，白揚社

丹治　順（2009）：脳と運動―アクションを実行させる脳―，第2版，共立出版

塚田　稔（2015）：芸術脳の科学，ブルーバックス，講談社

辻　昌宏（2014）：オペラは脚本から，明治大学出版会

ジャン・デセティ，ウィリアム・アイクス 編著，岡田顕宏 訳（2016）：共感の社会神経科学，勁草書房

カーヤ・ノーデンゲン 著，羽根　由，枇谷玲子 訳（2020）：「人間とは何か」はすべて脳が教えてくれる―思考，記憶，知能，パーソナリティの謎に迫る最新の脳科学―，誠文堂新光社

ゲオルク・ノルトフ 著，高橋　洋 訳（2016）：脳はいかに意識をつくるのか―脳の異常から心の謎に迫る―，白揚社

濱田　穣（2007）：なぜヒトの脳だけが大きくなったのか―人類進化最大の謎に挑む―，

ブルーバックス，講談社
クラウディア・ハモンド 著，渡会圭子 訳（2014）：脳の中の時間旅行―なぜ時間はワープするのか―，インターシフト
福土 審（2007）：内臓感覚―脳と腸の不思議な関係―，NHK ブックス 1093，NHK 出版
フロイド・ブルーム ほか著，中村克樹，久保田競 監訳（2004）：新・脳の探検（上・下），ブルーバックス，講談社
古屋晋一（2012）：ピアニストの脳を科学する―超絶技巧のメカニズム―，春秋社
ジェームズ・L・マッガウ 著，久保田競，大石高生 監訳（2006）：記憶と情動の脳科学，ブルーバックス，講談社
松波謙一，船橋新太郎，櫻井芳雄 著，久保田競 編（2002）：記憶と脳―過去・現在・未来をつなぐ脳のメカニズム―，サイエンス社
宮崎謙一（2014）：絶対音感神話―科学で解き明かすほんとうの姿―，化学同人
ジョー・ミルン 著，加藤洋子 訳（2016）：音に出会った日，辰巳出版
エムラン・メイヤー 著，高橋 洋 訳（2018）：腸と脳―体内の会話はいかにあなたの気分や選択や健康を左右するか―，紀伊國屋書店
山田真司，西口磯春 編著，日本音響学会 編（2011）：音楽はなぜ心に響くのか―音楽音響学と音楽を解き明かす諸科学―，音響サイエンスシリーズ 4，コロナ社
横澤一彦（2017）：つじつまを合わせたがる脳，岩波科学ライブラリー 257，岩波書店
V・S・ラマチャンドラン，サンドラ・ブレイクスリー 著，山下篤子 訳（2011）：脳のなかの幽霊，角川文庫，角川書店
V・S・ラマチャンドラン 著，山下篤子 訳（2011）：脳のなかの幽霊，ふたたび，角川文庫，角川書店
理化学研究所脳科学総合研究センター 編（2007）：脳研究の最前線（上）脳の認知と進化，ブルーバックス，講談社
理化学研究所脳科学総合研究センター 編（2007）：脳研究の最前線（下）脳の疾患と数理，ブルーバックス，講談社
理化学研究所脳科学総合研究センター 編（2011）：脳科学の教科書 神経編，岩波ジュニア新書，岩波書店
理化学研究所脳科学総合研究センター 編（2013）：脳科学の教科書 こころ編，岩波ジュニア新書，岩波書店
ジャコモ・リゾラッティ，コラド・シニガリア 著，柴田裕之 訳，茂木健一郎 監修（2009）：ミラーニューロン，紀伊國屋書店
ペネロペ・ルイス 著，西田美緒子 訳（2015）：眠っているとき，脳では凄いことが

起きている，インターシフト
ダニエル・レヴィティン 著，西田美緒子 訳（2010）：音楽好きな脳―人はなぜ音楽に夢中になるのか―，白揚社

〈英語の文献〉

Bangert, M., Peschel, T., Schlaug, G., Rotte, M., Drescher, D., Hinrichs, H., Heinze, H., and Altenmüller, E.（2006）：Shared Networks for Auditory and Motor Processing in Professional Pianists：Evidence from fMRI Conjunction, *Neuroimage*, 30 (3), pp.917-926
Cavanna, A. E. and Trimble, M. R.（2006）：The Precuneus：A Review of its Functional Anatomy and Behavioural Correlates, *Brain*, 129, pp. 564-583
Chapin, H., Jantzen, K., Kelso, J. A. S., Steinberg, F., and Large, E.（2010）：Dynamic Emotional and Neural Responses to Music Depend on Performance Expression and Listener Experience, *PLoS ONE*, 5 (12)：e13812
Concina, E.（2019）：The Role of Metacognitive Skills in Music Learning and Performing：Theoretical Features and Educational Implications, *Frontiers in Psychology*, 10：1583
D'Esposito, M., Detre, J. A., Aguirre, G. K., Stallcup, M., Alsop, D. C., Tippet, L. J., and Farah, M. J.（1997）：A Functional MRI Study of Mental Image Generation, *Neuropsychologia*, 35 (5), pp.725-730
di Pellegrino, G., Fadiga, L., Fogassi, L., Gallese, V., and Rizzolatti, G.（1992）：Understanding Motor Events：A Neurophysiological Study, *Experimental Brain Research*, 91 (1), pp.176-180
Ferreri, L., Mas-Herrero, E., Zatorre, R. J., Ripollés, P., Gomez-Andres, A., Alicart, H., Olivé, G., Marco-Pallarés, J., Antonijoan, R.M., Valle, M., Riba, J., and Rodriguez-Fornells, Antoni.（2019）：Dopamine Modulates the Reward Experiences Elicited by Music, *Proceedings of the National Academy of Sciences of the United States of America*, 116 (9), pp.3793-3798
Gervain, J., Vines, B. W., Chen, L. M., Seo, R. J., Hensch, T. K., Werker, J. F., and Young, A. H.（2013）：Valproate Reopens Critical-Period Learning of Absolute Pitch, *Frontiers in Systems Neuroscience*, 7：102
Hänggi, J., Koeneke, S., Bezzola, L., and Jäncke, L.（2010）：Structural Neuroplasticity in the Sensorimotor Network of Professional Female Ballet Dancers, *Human Brain Mapping*, 31 (8), pp.1196-1206

Huang, Z., Zhang, J. X., Yang, Z., Dong, G., Wu, J., Chan, A. S., and Weng, X. (2010) : Verbal Memory Retrieval Engages Visual Cortex in Musicians, *Neuroscience*, 168 (1), pp.179–189

James, C. E., Oechslin, M. S., Van De Ville, D., Hauert, C. A., Descloux, C., and Lazeyras, F. (2014) : Musical Training Intensity Yields Opposite Effects on Grey Matter Density in Cognitive Versus Sensorimotor Networks, *Brain Structure Function*, 219 (1), pp.353–366

Kim, S. G. and Knösche, T. R. (2016) : Intracortical Myelination in Musicians with Absolute Pitch : Quantitative Morphometry Using 7–T MRI, *Human Brain Mapping*, 37 (10), pp.3486–3501

Koelsch, S. (2014) : Brain Correlates of Music–Evoked Emotions, *Nature Reviews Neuroscience*, 15 (3), pp.170–180

Limb, C. J. and Braun, A. R. (2008) : Neural Substrates of Spontaneous Musical Performance : An fMRI Study of Jazz Improvisation, *PLoS ONE*, 3 (2) : e1679

Liu, S., Chow, H. M., Xu, Y., Erkkinen, M. G., Swett, K. E., Eagle, M. W., Rizik–Baer, D. A., and Braun, A. R. (2012) : Neural Correlates of Lyrical Improvisation : An fMRI Study of Freestyle Rap, *Scientific Reports*, 2 : 834

Loui, P., Zamm, A., and Schlaug, G. (2012) : Enhanced Functional Networks in Absolute Pitch, *Neuroimage*, 63 (2), pp.632–640

Lu, J., Yang, H., Zhang, X., He, H., Luo, C., and Yao, D. (2015) : The Brain Functional State of Music Creation : An fMRI Study of Composers, *Scientific Reports*, 5 : 12277

Najib, A., Lorberbaum, J. P., Kose, S., Bohning, D. E., and George, M. S. (2004) : Regional Brain Activity in Women Grieving a Romantic Relationship Breakup, *American Journal of Psychiatry*, 161 (12), pp.2245–2256

Ooishi, Y., Mukai, H., Watanabe, K., Kawato, S., and Kashino, M. (2017) : Increase in Salivary Oxytocin and Decrease in Salivary Cortisol after Listening to Relaxing Slow–Tempo and Exciting Fast–Tempo Music, *PLoS ONE*, 12 (12) : e0189075

Proverbio, A. M., Massetti, G., Rizzi, E., and Zani, A. (2016) : Skilled Musicians Are Not Subject to the McGurk Effect, *Scientific Reports*, 6 (1) : 30423

Raichle, M. E., MacLeod, A. M., Snyder, A. Z., Powers, W. J., Gusnard, D. A., and Shulman, G. L. (2001) : A Default Mode of Brain Function, *Proceedings of the National Academy of Sciences of the United States of America*, 98 (2), pp.676–682

Reybrouck, M., Vuust, P., and Brattico, E.（2018）：Brain Connectivity Networks and the Aesthetic Experience of Music, *Brain Sciences*, 8（6）：107

Rodrigues, A. C., Loureiro, M. A., and Caramelli, P.（2013）：Long-Term Musical Training May Improve Different Forms of Visual Attention Ability, *Brain and Cognition*, 82（3）, pp.229-235

Rodrigues, A. C., Loureiro, M., and Caramelli, P.（2014）：Visual Memory in Musicians and Non-Musicians, *Frontiers in Human Neuroscience*, 8：424

Salimpoor, V. N., Benovoy, M., Larcher, K., Dagher, A., and Zatorre, R. J.（2011）：Anatomically Distinct Dopamine Release during Anticipation and Experience of Peak Emotion to Music, *Nature Neuroscience*, 14（2）, pp.257-264

Sato, K., Kirino, E., and Tanaka, S.（2015）：A Voxel-Based Morphometry Study of the Brain of University Students Majoring in Music and Nonmusic Disciplines, *Behavioural Neurology*, 2015：274919

Schmithorst, V. J. and Holland, S. K.（2003）：The Effect of Musical Training on Music Processing：A Functional Magnetic Resonance Imaging Study in Humans, *Neuroscience Letters*, 348（2）, pp.65-68

Stewart, L.（2005）：A Neurocognitive Approach to Music Reading, *Annals of the New York Academy of Sciences*, 1060（1）, pp.377-386

Suda, M., Morimoto, K., Obata, A., Koizumi, H., and Maki, A.（2008）：Emotional Responses to Music：Towards Scientific Perspectives on Music Therapy, *NeuroReport*, 19（1）, pp.75-78

Tabei, K. I.（2015）：Inferior Frontal Gyrus Activation Underlies the Perception of Emotions, While Precuneus Activation Underlies the Feeling of Emotions During Music Listening, *Behavioural Neurology*, 2015：529043

Talamini, F., Altoè, G., Carretti, B., and Grassi, M.（2017）：Musicians Have Better Memory than Nonmusicians：A Meta-Analysis, *PLoS ONE*, 12（10）：e0186773

Tanaka, S.（2021）：Mirror Neuron Activity During Audiovisual Appreciation of Opera Performance, *Frontiers in Psychology*, 11：3877

Tanaka, S. and Kirino, E.（2016a）：Functional Connectivity of the Dorsal Striatum in Female Musicians, *Frontiers in Human Neuroscience*, 10：274919

Tanaka, S. and Kirino, E.（2016b）：Functional Connectivity of the Precuneus in Female University Students with Long-Term Musical Training, *Frontiers in Human Neuroscience*, 10：328

Tanaka, S. and Kirino, E.（2017a）：Dynamic Reconfiguration of the Supplementary

Motor Area Network during Imagined Music Performance, *Frontiers in Human Neuroscience*, 11：606

Tanaka, S. and Kirino, E.（2017b）：Reorganization of the Thalamocortical Network in Musicians, *Brain Research*, 1664, pp.48–54

Tanaka, S. and Kirino, E.（2018）：The Parietal Opercular Auditory-Sensorimotor Network in Musicians：A Resting-State fMRI Study, *Brain and Cognition*, 120, pp.43–47

Tanaka, S. and Kirino, E.（2019）：Increased Functional Connectivity of the Angular Gyrus During Imagined Music Performance, *Frontiers in Human Neuroscience*, 13：92

Taruffi, L., Pehrs, C., Skouras, S., and Koelsch, S.（2017）：Effects of Sad and Happy Music on Mind–Wandering and the Default Mode Network, *Scientific Reports*, 7（1）：14396

Trost, W., Ethofer, T., Zentner, M., and Vuilleumier, P.（2012）：Mapping Aesthetic Musical Emotions in the Brain, *Cerebral Cortex*, 22（12）, pp.2769–2783

Usui, C., Kirino, E., Tanaka, S., Inami, R., Nishioka, K., Hatta, K., Nakajima, T., Nishioka, K., and Inoue, R.（2020）：Music Intervention Reduces Persistent Fibromyalgia Pain and Alters Functional Connectivity Between the Insula and Default Mode Network, *Pain Medicine*, 21（8）, pp.1546–1552

Weiss, A. H., Biron, T., Lieder, I., Granot, R. Y., and Ahissar, M.（2014）：Spatial Vision Is Superior in Musicians When Memory Plays a Role, *Journal of Vision*, 14（9）：18

Zatorre, R. J., Halpern, A. R., and Bouffard, M.（2010）：Mental Reversal of Imagined Melodies：A Role for the Posterior Parietal Cortex, *Journal of Cognitive Neuroscience*, 22（4）, pp.775–789

講義の後で

脳科学の講義はいかがでしたか。脳科学を身近に感じることができるようになったと思っていただけたら幸いです。本書はハウツー本ではありませんが，音楽家が脳科学と出合うことが新たな価値を生むと私は信じています。「まえがき」にも書きましたが，本書を執筆するきっかけとなったのは，多くの音大生や音楽家の方との楽しい実験でした。私の研究者人生の中でこんなに話をしたことはないというくらいたくさん話をしました。音大生や音楽家の方々は会話の大好きな人が多いことも知りました。本書の執筆中に，これまで実験に参加してくださった皆さんの顔が浮かんできました。当初は桐朋学園大学の学生さんが積極的に参加してくださいました。新しい実験を試す必要があるときには，ヴァイオリン専攻生だった宮下玲衣さんがいつも進んで第１号の被験者になってくださいました。声楽のデータを増やすために，東京藝術大学の方々にも多数参加していただきました。その後しだいに，ほかの音大の方も参加してくださるようになって人数が増え，最近はおもに卒業後に活躍されている音楽家の方を対象にして研究を続けています。この場をお借りして，関わってくださった方々に心より御礼申し上げます。

本書の原稿は音楽家の方々にも事前に読んでいただきました。特に東京二期会メゾソプラノ歌手の藤田彩歌さんは，原稿全体を丁寧に読んでくださり，わかりにくい箇所のご指摘や質問を多数いただきました。ありがとうございます。また，普段はバレエや書道，家事に多くの時間を割いている妻の弘美も，音楽家でも脳科学者でもない視点で原稿を読み，コメントしてくれました。

普段私の講義を聴いている学生とまったく異なるバックグランドを持っている音大生や音楽家の方々を想定して書くことは，思ったよりたいへんでした。これまでの膨大な会話の記憶を想起しながら，少しずつ書き進めました。その間に，日本音楽表現学会で「音楽する脳と身体」と題した対談をさせていただいたり，東京藝術大学で開催された日本声楽発声学会での特別講演や，東京大学医学部での統合講義シリーズ「医学と芸術の接点」における講義，上智大学音楽医科学研究センター主催のシンポジウムでの講演などの機会を与えられたことは，本書の執筆の助けになりました。お忙しい中，何度も講演を聴きにきてくださった，東京藝術大学学長の澤和樹先生には心より御礼申し上げます。また，カトリック調布教会で「音楽と脳科学と信仰の接点」と題した講演をさせていただいた際には，当時桐朋学園大学の学生だった今高友香さんと藤沢百恵さんが，モーツァルトの「ヴァイオリンとヴィオラのための二重奏曲 ト長調 K.423」全楽章をとても美しく演奏してくださり，その場でたくさんのファンが生まれました。この曲はその後の実験で用いて，慢性的な体の痛みを感じている患者さんの痛みをとる効果を検証する研究につながったということは，第5講でお話ししたとおりです。

上智大学で長年にわたり脳科学の講義を担当させていただいていることにも感謝いたします。私は，大学の講義はクリエイティブで特色のあるほうが価値があると思っているので，理工学部でありながら音楽が一緒にある状態で講義をしてきました。これまでに多数の音大生・音楽家の方に講義の中で演奏をしていただき，受講する学生とともに至福のときを過ごさせていただきました。最近はオペラと融合した脳科学の講義を考案するなどして，毎年新たな試みをしています。まだ十分なレベルに達していませんが，興味を持って聴いてくれる上智大生にも感謝しています（そんな中から毎年フレッシュなオペラファンが生まれています）。

余談ですが，新たに演劇・パフォーマンスを講義に取り入れる試みも始めました。これらの舞台芸術は，記憶，感情，心の理論，共感，イメージなど，本書で学んできた多くのことを表現しています。ミラーニューロンが発見されたときに，高名な舞台演出家のピーター・ブルックが，あるインタビューで「演劇界で常識だったことを脳・神経科学はようやく理解し始めた」と語ったという面白いエピソードもあります（リゾラッティ，シニガリア：ミラーニューロン)。ようやくたどり着いたのですが，科学の視点が新たに加わったことは意義深いと思います。これからは芸術が脳科学にインスパイアされることも増えるかもしれません。そのためにも，もっと双方向のコミュニケーションがスムースにできるようになればと思います。同じ言葉で語り合うことができるようになれば，新しいステージに進展する気がします。

最後に，マイペースでの執筆に忍耐強くつき合ってくださり，また素晴らしいレイアウトを考案してくださったコロナ社の皆さんに御礼申し上げます。コロナ社は私が大学で電気電子工学を学んでいた頃に，教科書でなじみのあった理工学関連の専門書の出版社です。最近は音響工学関連や脳科学・人間科学関連の書籍も積極的に出版されています。今後のますますのご発展をお祈りいたします。

東京・四ツ谷　上智大学の研究室にて

索　　引

―― 著 者 略 歴 ――

1980 年　名古屋大学工学部電気電子工学科卒業
1982 年　名古屋大学大学院工学研究科修士課程修了（電気電子工学専攻）
1985 年　名古屋大学大学院工学研究科博士課程修了（電気電子工学専攻）
　　　　工学博士
1986 年　上智大学講師
1989 年　上智大学助教授
1998 年　イェール大学客員研究員
2000 年　上智大学教授
　　　　現在に至る
2005 年　コロンビア大学客員教授

音大生・音楽家のための脳科学入門講義

Introductory Lecture of Brain Science for Music College Students and Musicians

2021 年 4 月 28 日　初版第 1 刷発行　★

検印省略

著　者　田中昌司（たなか しょうじ）
発 行 者　株式会社　コロナ社
　　　　代 表 者　牛来真也
印 刷 所　壮光舎印刷株式会社
製 本 所　株式会社　グリーン

112-0011　東京都文京区千石 4-46-10
発 行 所　株式会社　**コ ロ ナ 社**
CORONA PUBLISHING CO., LTD.
Tokyo Japan
振替00140-8-14844・電話(03)3941-3131(代)
ホームページ　https://www.coronasha.co.jp

ISBN 978-4-339-07825-1　C3040　Printed in Japan　（新井）